国家出版基金资助项目
现代数学中的著名定理纵横谈丛书
丛书主编　王梓坤

FAREY　SERIES

Farey 级数

佩捷 编

哈尔滨工业大学出版社
HARBIN INSTITUTE OF TECHNOLOGY PRESS

内 容 简 介

本书从 1978 年陕西省中学生数学竞赛中的一道试题引出法雷数列.书中主要介绍了利用法雷数列证明孙子定理、法雷序列的符号动力学、连分数和法雷表示、提升为非单调的圆映射、利用法雷数列证明一个积分不等式等问题.全书共七章,读者可全面地了解法雷级数在数学中以及在生产生活中的应用.

本书适合数学专业的本科生和研究生以及数学爱好者阅读和收藏.

图书在版编目(CIP)数据

Farey 级数/佩捷编. — 哈尔滨:哈尔滨工业大学出版社,2017.6

(现代数学中的著名定理纵横谈丛书)

ISBN 978-7-5603-6530-5

Ⅰ. ①F… Ⅱ. ①佩… Ⅲ. ①级数 Ⅳ. ①O173

中国版本图书馆 CIP 数据核字(2017)第 058590 号

策划编辑	刘培杰 张永芹
责任编辑	张永芹 钱辰琛
封面设计	孙茵艾
出版发行	哈尔滨工业大学出版社
社　　址	哈尔滨市南岗区复华四道街 10 号　邮编 150006
传　　真	0451-86414749
网　　址	http://hitpress.hit.edu.cn
印　　刷	牡丹江邮电印务有限公司
开　　本	787mm×960mm　1/16　印张 9.75　字数 101 千字
版　　次	2017 年 6 月第 1 版　2017 年 6 月第 1 次印刷
书　　号	ISBN 978-7-5603-6530-5
定　　价	68.00 元

(如因印装质量问题影响阅读,我社负责调换)

◎代序

读书的乐趣

你最喜爱什么——书籍.

你经常去哪里——书店.

你最大的乐趣是什么——读书.

这是友人提出的问题和我的回答. 真的,我这一辈子算是和书籍,特别是好书结下了不解之缘. 有人说,读书要费那么大的劲,又发不了财,读它做什么?我却至今不悔,不仅不悔,反而情趣越来越浓. 想当年,我也曾爱打球,也曾爱下棋,对操琴也有兴趣,还登台伴奏过. 但后来却都一一断交,"终身不复鼓琴". 那原因便是怕花费时间,玩物丧志,误了我的大事——求学. 这当然过激了一些. 剩下来唯有读书一事,自幼至今,无日少废,谓之书痴也可,谓之书橱也可,管它呢,人各有志,不可相强. 我的一生大志,便是教书,而当教师,不多读书是不行的.

读好书是一种乐趣,一种情操;一种向全世界古往今来的伟人和名人求教的方法,一种和他们展开讨论的方式;一封出席各种活动、体验各种生活、结识各种人物的邀请信;一张迈进科学宫殿和未知世界的入场券;一股改造自己、丰富自己的强大力量.书籍是全人类有史以来共同创造的财富,是永不枯竭的智慧的源泉.失意时读书,可以使人重整旗鼓;得意时读书,可以使人头脑清醒;疑难时读书,可以得到解答或启示;年轻人读书,可明奋进之道;年老人读书,能知健神之理.浩浩乎!洋洋乎!如临大海,或波涛汹涌,或清风微拂,取之不尽,用之不竭.吾于读书,无疑义矣,三日不读,则头脑麻木,心摇摇无主.

潜能需要激发

我和书籍结缘,开始于一次非常偶然的机会.大概是八九岁吧,家里穷得揭不开锅,我每天从早到晚都要去田园里帮工.一天,偶然从旧木柜阴湿的角落里,找到一本蜡光纸的小书,自然很破了.屋内光线暗淡,又是黄昏时分,只好拿到大门外去看.封面已经脱落,扉页上写的是《薛仁贵征东》.管它呢,且往下看.第一回的标题已忘记,只是那首开卷诗不知为什么至今仍记忆犹新:

日出遥遥一点红,飘飘四海影无踪.

三岁孩童千两价,保主跨海去征东.

第一句指山东,二、三两句分别点出薛仁贵(雪、人贵).那时识字很少,半看半猜,居然引起了我极大的兴趣,同时也教我认识了许多生字.这是我有生以来独立看的第一本书.尝到甜头以后,我便千方百计去找书,向小朋友借,到亲友家找,居然断断续续看了《薛丁山征西》《彭公案》《二度梅》等,樊梨花便成了我心中的女英雄.我真入迷了.从此,放牛也罢,车水也罢,我总要带一本书,还练出了边走田间小路边读书的本领,读得津津有味,不知人间别有他事.

当我们安静下来回想往事时,往往会发现一些偶然的小事却影响了自己的一生.如果不是找到那本《薛仁贵征东》,我的好学心也许激发不起来.我这一生,也许会走另一条路.人的潜能,好比一座汽油库,星星之火,可以使它雷声隆隆、光照天地;但若少了这粒火星,它便会成为一潭死水,永归沉寂.

抄,总抄得起

好不容易上了中学,做完功课还有点时间,便常光顾图书馆.好书借了实在舍不得还,但买不到也买不起,便下决心动手抄书.抄,总抄得起.我抄过林语堂与的《高级英文法》,抄过英文的《英文典大全》,还抄过《孙子兵法》,这本书实在爱得狠了,竟一口气抄了两份.人们虽知抄书之苦,未知抄书之益,抄完毫末俱见,一览无余,胜读十遍.

始于精于一,返于精于博

关于康有为的教学法,他的弟子梁启超说:"康先生之教,专标专精、涉猎二条,无专精则不能成,无涉猎则不能通也."可见康有为强烈要求学生把专精和广博(即"涉猎")相结合.

在先后次序上,我认为要从精于一开始.首先应集中精力学好专业,并在专业的科研中做出成绩,然后逐步扩大领域,力求多方面的精.年轻时,我曾精读杜布(J. L. Doob)的《随机过程论》,哈尔莫斯(P. R. Halmos)的《测度论》等世界数学名著,使我终身受益.简言之,即"始于精于一,返于精于博".正如中国革命一样,必须先有一块根据地,站稳后再开创几块,最后连成一片.

丰富我文采,澡雪我精神

辛苦了一周,人相当疲劳了,每到星期六,我便到旧书店走走,这已成为生活中的一部分,多年如此.一次,偶然看到一套《纲鉴易知录》,编者之一便是选编《古文观止》的吴楚材.这部书提纲挈领地讲中国历史,上自盘古氏,直到明末,记事简明,文字古雅,又富于故事性,我便把这部书从头到尾读了一遍.从此启发了我读史书的兴趣.

我爱读中国的古典小说,例如《三国演义》和《东周列国志》.我常对人说,这两部书简直是世界上政治阴谋诡计大全.近年来极时髦的人质问题(伊朗人质、劫机人质等),这些书中早就有了,秦始皇的父亲便是受害者,堪称"人质之父".

《庄子》超尘绝俗,不屑于名利.其中"秋水""解牛"诸篇,诚绝唱也.《论语》束身严谨,勇于面世,"己所不欲,勿施于人",有长者之风.司马迁的《报任少卿书》,读之我心两伤,既伤少卿,又伤司马;我不知道少卿是否收到这封信,希望有人做点研究.我也爱读鲁迅的杂文,果戈理、梅里美的小说.我非常敬重文天祥、秋瑾的人品,常记他们的诗句:"人生自古谁无死,留取丹心照汗青""休言女子非英物,夜夜龙泉壁上鸣".唐诗、宋词、元曲,丰富我文采,澡雪我精神,其中精粹,实是人间神品.

读了邓拓的《燕山夜话》,既叹服其广博,也使我动了写《科学发现纵横谈》的心.不料这本小册子竟给我招来了上千封鼓励信.以后人们便写出了许许多多的"纵横谈".

从学生时代起,我就喜读方法论方面的论著.我想,做什么事情都要讲究方法,追求效率、效果和效益,方法好能事半而功倍.我很留心一些著名科学家、文学家写的心得体会和经验.我曾惊讶为什么巴尔扎克在51年短短的一生中能写出上百本书,并从他的传记中去寻找答案.文史哲和科学的海洋无边无际,先哲们的明智之光沐浴着人们的心灵,我衷心感谢他们的恩惠.

读书的另一面

以上我谈了读书的好处,现在要回过头来说说事情的另一面.

读书要选择.世上有各种各样的书:有的不值一看,有的只值看20分钟,有的可看5年,有的叫保存一辈子,有的将永远不朽.即使是不朽的超级名著,由于我们的精力与时间有限,也必须加以选择.决不要看坏书,对一般书,要学会速读.

读书要多思考.应该想想,作者说得对吗?完全吗?适合今天的情况吗?从书本中迅速获得效果的好办法是有的放矢地读书,带着问题去读,或偏重某一方面去读.这时我们的思维处于主动寻找的地位,就像猎人追找猎物一样主动,很快就能找到答案,或者发现书中的问题.

有的书浏览即止,有的要读出声来,有的要心头记住,有的要笔头记录.对重要的专业书或名著,要勤做笔记,"不动笔墨不读书".动脑加动手,手脑并用,既可加深理解,又可避忘备查,特别是自己的灵感,更要及时抓住.清代章学诚在《文史通义》中说:"札记之功必不可少,如不札记,则无穷妙绪如雨珠落大海矣."

许多大事业、大作品,都是长期积累和短期突击相结合的产物.涓涓不息,将成江河;无此涓涓,何来江河?

爱好读书是许多伟人的共同特性,不仅学者专家如此,一些大政治家、大军事家也如此.曹操、康熙、拿破仑、毛泽东都是手不释卷,嗜书如命的人.他们的巨大成就与毕生刻苦自学密切相关.

王梓坤

目录

第0章　引言　//1

第1章　利用法雷数列证明孙子定理　//11

§1　孙子定理　//17

第2章　法雷序列的符号动力学　//22

§1　新生轨道与拓扑度定理　//26

§2　法雷序列与M.S.S.序列的*积及二元树　//30

第3章　连分数和法雷表示　//32

§1　法雷变换和良序符号序列　//34

第4章　提升为非单调的圆映射　//39

第5章　周期性的输入与周期性的输出的关系　//46

§1　线性系统和非线性系统的输入和输出　//46

§2　三维相空间中的拟周期运动　//49

§3　锁频和同步、圆映射　//52

§4　拟周期和连分数　//58

§5　高斯映射　//61

§6　随机共振　//63

1

第6章 利用法雷数列证明一个积分不等式 //66
　§1 前言 //66
　§2 函数 $f(x)$ 的显式表达 //67
　§3 定理1的证明 //72

第7章 哈代论:法雷数列的定义和最简单的
　　　性质 //76
　§1 两个特征性质的等价性 //78
　§2 定理1和定理2的第一个证明 //79
　§3 定理1和定理2的第二个证明 //81
　§4 整数格 //82
　§5 基本格的某些简单性质 //84
　§6 定理1和定理2的第三个证明 //87
　§7 连续统的法雷分割 //87
　§8 闵科夫斯基定理 //90
　§9 闵科夫斯基定理的证明 //92
　§10 定理10的进一步拓展 //95

附录Ⅰ 挂轮问题 //101
　§1 引言 //101
　§2 简单连分数 //102
　§3 法雷贯 //107
　§4 问题的算法 //109
　§5 挂轮问题的求解 //111

附录Ⅱ 挂轮计算问题的精确解
　　　——一类特殊的丢番图逼近问题 //116

编辑手记 //130

引　言

第 0 章

数学竞赛试题背景的介绍往往是数学科普的源头. 下面以一个最近的美国大学生数学竞赛试题为例. 美国大学生数学竞赛又名普特南竞赛, 全称是威廉·洛厄尔·普特南数学竞赛, 是美国及整个北美地区大学低年级学生参加的一项高水平赛事.

以其命名的威廉·洛厄尔·普特南 (William Lowell Putnam) 曾任哈佛大学校长. 下面的问题是 2014 年第 75 届最后一题:

问题　令 $f:[0,1] \to \mathbf{R}$ 是一个函数, 对于它存在一个常数 $K>0$, 使得对所有的 $x,y \in [0,1]$ 有 $|f(x)-f(y)| \leqslant K|x-y|$. 并假设对每个有理数 $r \in [0,1]$, 存在整数 a 和 b, 使得 $f(r)=a+br$. 证明: 存在有限多个区间 $I_1,\cdots,I_n$, 使得在每个 I_i 上 f 是一

Farey 级数

个线性函数,并且 $[0,1] = \bigcup_{i=1}^{n} I_i$.

原命题委员会给出的解答(陆柱家译)为:我们首先回忆一下初等数论中法雷(Farey)序列的几个基本性质,并为它们预备一些记号. 在讨论中,所有有理数都被写成既约形式.

如下在 $[0,1]$ 中定义有理数的有限序列 F_1, $F_2,\cdots$:从 $F_1 = (0,1) = (\frac{0}{1}, \frac{1}{1})$ 开始. 对于 $n > 1$,当 $b + d = n$, $\frac{a}{b}, \frac{c}{d}$ 是 F_{n-1} 的相邻两项时,在 $\frac{a}{b}$ 和 $\frac{c}{d}$ 之间插入 $\frac{a+c}{b+d}$,用这样的方式从 F_{n-1} 形成 F_n.

由归纳法,F_n 的相邻两项 $\frac{a}{b}$ 和 $\frac{c}{d}$ 总是满足 $bc - ad = 1$. 如果有一个有理数 $\frac{r}{s}$ 介于相邻两项之间,譬如说 $\frac{a}{b} < \frac{r}{s} < \frac{c}{d}$,则有

$$s = s(bc - ad) = b(cs - dr) + d(br - as) \geq b + d$$

由归纳法即得,F_n 由所有分母 $s \leq n$ 的有理数 $\frac{r}{s} \in [0,1]$ 组成;此外,F_n 的任意两个相邻元素 $\frac{a}{b}, \frac{c}{d}$ 满足 $b + d \geq n + 1$(否则,在某一步 $\frac{a+c}{b+d}$ 会被插于 $\frac{a}{b}, \frac{c}{d}$ 之间). 序列 F_n 通常被称为第 n 个法雷序列.

现在我们回到题中的问题. 由假设,对于每个 $\frac{r}{s} \in [0,1] \cap \mathbf{Q}$,我们有 $f(\frac{r}{s}) \in \frac{1}{s}\mathbf{Z}$. 选取 $n \geq 4K$,并令 $\frac{a}{b}$,

2

$\dfrac{c}{d}$ 是 F_n 的相邻元素, 则 $f(\dfrac{c}{d}) - f(\dfrac{a}{b}) \in \dfrac{1}{bd}\mathbf{Z}$. 由于

$|f(\dfrac{c}{d}) - f(\dfrac{a}{b})| \leq K|\dfrac{c}{d} - \dfrac{a}{b}| = K|\dfrac{1}{bd}| = \dfrac{K}{bd}$, 对于某个

满足 $|m| \leq K$ 的整数 m, 我们即有 $f(\dfrac{c}{d}) - f(\dfrac{a}{b}) = \dfrac{m}{bd}$.

对于下一个法雷序列中的相邻元素 $\dfrac{a}{b}, \dfrac{a+c}{b+d}, \dfrac{c}{d}$ 应用相同的论证, 我们就对满足 $|m|, |m_1|, |m_2| \leq K$ 的某 3 个 $m, m_1, m_2 \in \mathbf{Z}$ 得到 3 个方程

$$f\left(\dfrac{c}{d}\right) - f\left(\dfrac{a}{b}\right) = \dfrac{m}{bd}$$

$$f\left(\dfrac{a+c}{b+d}\right) - f\left(\dfrac{a}{b}\right) = \dfrac{m_1}{b(b+d)}$$

$$f\left(\dfrac{c}{d}\right) - f\left(\dfrac{a+c}{b+d}\right) = \dfrac{m_2}{d(b+d)}$$

由此即得

$$\dfrac{m_1}{b(b+d)} + \dfrac{m_2}{d(b+d)} = \dfrac{m}{bd}$$

因而

$$m_1 d + m_2 b = m(b+d)$$

如果 $m_2 \neq m$, 那么我们可以把最后的方程写为

$$\dfrac{m_1 - m}{m - m_2} = \dfrac{b}{d}$$

由于 $bc - ad = 1$, 我们就知道 $\dfrac{b}{d}$ 是既约分数, 因而 $m_1 - m$ 是 b 的倍数, 并且 $m - m_2$ 是 d 的倍数. 然而, 因为 $n \geq 4K$ 和 $b + d \geq n + 1$, 我们必定有 $\max\{b, d\} > 2K$,

Farey 级数

因而或者 $|m_1 - m| > 2K$, 或者 $|m - m_2| > 2K$, 这与 $|m|, |m_1|, |m_2| \leq K$ 矛盾, 除非 $m_1 = m_2 = m$. 这意味着我们现在有

$$f\left(\frac{c}{d}\right) - f\left(\frac{a}{b}\right) = \frac{m}{bd} = m\left(\frac{c}{d} - \frac{a}{b}\right)$$

和

$$f\left(\frac{a+c}{b+d}\right) - f\left(\frac{a}{b}\right) = \frac{m}{b(b+d)} = m\left(\frac{a+c}{b+d} - \frac{a}{b}\right)$$

因为通过重复地把新的项插入法雷序列, 我们将得到 $\frac{a}{b}$ 和 $\frac{c}{d}$ 之间的所有有理数, 那么对于所有的 $x \in \left[\frac{a}{b}, \frac{c}{d}\right] \cap \mathbf{Q}$, 我们就有

$$f(x) - f\left(\frac{a}{b}\right) = m\left(x - \frac{a}{b}\right)$$

即

$$f(x) = f\left(\frac{a}{b}\right) + m\left(x - \frac{a}{b}\right)$$

因为 f 是连续的, 所以对所有的 $x \in \left[\frac{a}{b}, \frac{c}{d}\right]$, 最后一个等式也成立, 因此在区间 $\left[\frac{a}{b}, \frac{c}{d}\right]$ 上 f 是一个线性函数. 这就证明了论断.

解答中出现了一个法雷序列, 也可称为法雷级数. 为了更加深入浅出, 我们从级别更低的竞赛试题入手.

在 1978 年陕西省中学生数学竞赛中有如下试题:

$\frac{p_1}{q_1}$ 和 $\frac{p_2}{q_2}$ 为两个正分数, $\frac{p_1}{q_1} < \frac{p_2}{q_2}$, 试证

第0章 引言

$$\frac{p_1}{q_1} < \frac{p_1+p_2}{q_1+q_2} < \frac{p_2}{q_2}$$

由于那次竞赛是经国务院批准,教育部和全国科协联合举办的,全国共有八个省、市参加,而且是"文化大革命"后第一届中学生数学竞赛,所以数学界特别重视.在赛后出版的《1978年部分省市中学生数学竞赛题解》一书中,华罗庚先生亲自撰写了序言,使广大中学师生了解了试题的背景,本题即是其中一例.看似平凡的分数问题,其后的背景实则为法雷贯即法雷数列.华罗庚指出:陕西试题告诉我们,如果 $\frac{p_1}{q_1}, \frac{p_2}{q_2}$ 为两个正分数,则 $\frac{p_1+p_2}{q_1+q_2}$ 总是介于这两个分数之间.在所谓法雷贯的问题中就用到了这一原则.现要把分子、分母互素,且分母小于或等于 n 的所有分数按从小到大的次序排出来.方法是这样的:在 $0\left(=\frac{0}{1}\right)$ 和 $1\left(=\frac{1}{1}\right)$ 之间插入中项 $\frac{1}{2}$,再在 $0\left(=\frac{0}{1}\right)$ 与 $\frac{1}{2}$ 之间插入中项 $\frac{1}{3}$,$\frac{1}{2}$ 与 1 之间插入中项 $\frac{2}{3}$,这样不断地在相邻两数之间插入中项,直到所有相邻的数的分母之和都大于 n 时为止,这样就得到了 n 阶法雷贯.

下面介绍一道"希望杯"竞赛试题的新解法.

第九届"希望杯"竞赛初二试卷中的第21题,我们利用法雷数列也可给出不同于标准答案的新解法.

例1 已知 n, k 均为自然数,且满足不等式 $\frac{7}{13} <$

Farey 级数

$\dfrac{n}{n+k}<\dfrac{6}{11}$. 若对于某一给定的自然数 n,只有唯一的自然数 k 使不等式成立,求所有符合要求的自然数 n 中的最大数和最小数.

解 (1)由

$$\dfrac{7}{13}<\dfrac{n}{n+k}<\dfrac{6}{11}\Rightarrow\dfrac{13}{7}>\dfrac{n+k}{n}>\dfrac{11}{6}\Rightarrow\dfrac{6}{7}>\dfrac{k}{n}>\dfrac{5}{6} \quad (1)$$

我们考察一般情形

$$\dfrac{a}{a+1}>\dfrac{k}{n}>\dfrac{a-1}{a},a\in\mathbf{N}$$

$$\dfrac{a}{a+1}=\dfrac{a(2a+1)}{(a+1)(2a+1)}=\dfrac{2a^2+a}{(a+1)(2a+1)}$$

$$>\dfrac{2a^2+a-1}{(a+1)(2a+1)}=\dfrac{2a-1}{2a+1}$$

$$\dfrac{a-1}{a}=\dfrac{(a-1)(2a+1)}{a(2a+1)}=\dfrac{2a^2-a-1}{a(2a+1)}$$

$$<\dfrac{2a^2-a}{a(2a+1)}=\dfrac{2a-1}{2a+1}$$

$$\Rightarrow\dfrac{a}{a+1}>\dfrac{2a-1}{2a+1}>\dfrac{a-1}{a}\Rightarrow\dfrac{k}{n}=\dfrac{2a-1}{2a+1}$$

将 $a=6$ 代入得 $n=13,k=11$.

因为 $(2a-1,2a+1)=1$

所以 $k=\dfrac{(2a-1)n}{2a+1}\in\mathbf{N}$

当且仅当 $(2a+1)\mid n$,即 $n=13m(m\in\mathbf{N})$ 时,$k\in\mathbf{N}$,故 $\min n=13$.

(2)由式(1)可知 $35n<42k<36n$.

故由已知,在 $(35n,36n)$ 中仅存在一个 $k\in\mathbf{N}$,

6

第0章 引言

$(35n,36n)$ 中仅有 $n-1$ 个整数.

因此 $n-1 < 2 \times 42 \Rightarrow n < 85 \Rightarrow n \leq 84 \Rightarrow k = 7$,所以 $\max n = 84$.

综合情形(1)和(2)可知 $\min n = 13$, $\max n = 84$.

注 此题的背景为法雷数列,n 级法雷数列是指 0 与 1 之间的诸多既约分数,满足分母小于或等于 n,其次序依其大小排列.换句话说,即依大小排列的形如 $\frac{a}{b}$, $(a,b)=1$, $0 \leq a \leq b \leq n$ 的诸多分数,我们用 F_n 记法雷数列. F_7 中含有 $\frac{5}{6}$, $\frac{6}{7}$ 且为相邻的两项,对于法雷数列有如下定理:

设 $\frac{a}{b} < \frac{a''}{b''} < \frac{a'}{b'}$ 为法雷数列中相邻的三项,则有 $\frac{a''}{b''} = \frac{a+a'}{b+b'}$,这正是情形(1)的证法来源.

在第 29 届 IMO 上,苏联所提供的备选题中的第 4 题是:

例2 将所有使得分子和分母的乘积小于 1 988 的既约正有理数按递增顺序排成一行. 证明:任意两个相邻分数 $\frac{a}{b} < \frac{c}{d}$ 都满足等式

$$bc - ad = 1$$

非常有趣的是,在第 35 届 MMO(1972 年)第二试十年级的试题中,也曾经有过一道非常类似的题目:

例3 我们来考察 0 和 1 之间的所有分母不超过 n 的分数,将它们按递增顺序列出,并且都写成既约形

7

式. 设 $\dfrac{a}{b}$ 和 $\dfrac{c}{d}$ 是其中任意两个相邻的数字,证明
$$|bc - ad| = 1$$

对例 3 可用数学归纳法解答. 对例 2 亦应将 1 988 "活化"为 n,并用数学归纳法证明更为一般的结论,即对"所有分子和分母的乘积小于 n 的既约正有理数",例 2 的结论都成立. 两例的解答极为相似,下面仅以例 3 为例.

我们知道,如果 $\dfrac{a}{b}$ 和 $\dfrac{c}{d}$($\dfrac{a}{b} < \dfrac{c}{d}$)是两个既约分数,则有 $\dfrac{a}{b} < \dfrac{a+c}{b+d} < \dfrac{c}{d}$,且 $\dfrac{a+c}{b+d}$ 是夹在它们之间的分母最小的分数. 这一事实将在以下的证明中用到.

当 $n = 1$ 时,有 $\dfrac{0}{1} < \dfrac{1}{1}$,知命题成立.

假设当 $n = k$ 时,对于任意两个相邻的既约分数 $\dfrac{a}{b} < \dfrac{c}{d}$,都有 $bc - ad = 1$. 我们来证明:当 $n = k + 1$ 时,相应的结论仍然成立. 分两种情形考虑:

(1) 设 $\dfrac{a}{b} < \dfrac{c}{d}$ 在 $n = k$ 时相邻,在 $n = k + 1$ 时仍相邻,则结论显然成立;

(2) 设 $\dfrac{a}{b} < \dfrac{c}{d}$ 在 $n = k$ 时相邻,而在 $n = k + 1$ 时不再相邻,即有 $\dfrac{a}{b} < \dfrac{p}{q} < \dfrac{c}{d}$,我们要来证明
$$A = bp - aq = 1, B = cq - pd = 1$$

首先易知 A 和 B 都是正整数,即有 $A \geqslant 1, B \geqslant 1$,如果

第0章 引言

$\max\{A,B\} > 1$,则有
$$b + d < Bb + Ad = bcq - bdp + bdp - adq = q$$

而因 $\dfrac{p}{q}$ 已是既约分数,因此
$$\frac{a+c}{b+d} \neq \frac{p}{q}$$

由此即知,$\dfrac{a}{b}$ 与 $\dfrac{c}{d}$ 在 $n = k$ 时并不相邻,导致矛盾. 故知应有 $A = 1$ 且 $B = 1$.

对例2的证明可以完全类似地进行.

下面我们给出一个引理及其推广.

引理 1 设 $\dfrac{a_1}{b_1}, \dfrac{a_2}{b_2}$ 为 F_n 中相邻两项,则必有 $b_1 + b_2 \geq n + 1$. 若 $\dfrac{a_1}{b_1} < \dfrac{a_2}{b_2}$,则 $b_1 a_2 - a_1 b_2 = 1$.

证明 因为 $(a_1, b_1) = 1$,所以存在 $x, y \in \mathbf{Z}$,使
$$b_1 x - a_1 y = 1, n - b_1 < y \leq n \qquad (2)$$

由此可知,$y > 0, (x,y) = 1, \dfrac{x}{y} = \dfrac{a_1}{b_1} + \dfrac{1}{b_1 y} > \dfrac{a_1}{b_1}$.

往下只需证
$$\frac{x}{y} = \frac{a_2}{b_2} \qquad (3)$$

因为若能证明此式,则 $x = a_2, y = b_2, b_1 a_2 - a_1 b_2 = 1$,且 $b_1 + b_2 > n$.

假设式(3)不成立,即 $\dfrac{x}{y} \neq \dfrac{a_2}{b_2}$,则
$$\frac{a_1}{b_1} < \frac{a_2}{b_2} < \frac{x}{y}$$

Farey 级数

由此可知

$$\frac{x}{y} - \frac{a_1}{b_1} = \frac{x}{y} - \frac{a_2}{b_2} + \frac{a_2}{b_2} - \frac{a_1}{b_1}$$

$$\geqslant \frac{1}{b_2 y} + \frac{1}{b_1 b_2} = \frac{b_1 + y}{y b_1 b_2} > \frac{n}{y b_1 b_2} \geqslant \frac{1}{by}$$

但由式(2)知,$\frac{x}{y} - \frac{a_1}{b_1} = \frac{1}{by}$ 矛盾,故引理 1 正确.

推广 设 $\frac{a_1}{b_1}, \frac{a_2}{b_2}, \frac{a_3}{b_3} (\frac{a_1}{b_1} < \frac{a_2}{b_2} < \frac{a_3}{b_3})$ 为法雷数列的三个邻项,则

$$\frac{a_2}{b_2} = \frac{a_1 + a_3}{b_1 + b_3}$$

由引理 1 知

$$a_2 b_1 - b_2 a_1 = 1$$
$$a_3 b_2 - b_3 a_2 = 1$$

将上两式相减,可得

$$a_2(b_1 + b_3) - b_2(a_1 + a_3) = 0$$

故

$$\frac{a_2}{b_2} = \frac{a_1 + a_3}{b_1 + b_3}$$

利用法雷数列证明孙子定理

第 1 章

孙子定理反映了我国古代在解同余式方面所取得的光辉的研究成果,因而驰名中外,在欧洲的数学史书中被称为"中国剩余定理".

为了证明孙子定理,我们先证明下面的引理.

引理1 设 a 和 b 是两个互素的正整数,则必存在整数 x 和 y,使得
$$ax + by = 1$$

先叙述法雷数列和它的表.

所有的既约分数可用表 1 中的一系列的行来写出,各行均从 $\frac{0}{1}$ 开始,而以 $\frac{1}{1}$ 终止,其间的分数自左至右按递增的顺序排列. 第

Farey 级数

n 行的真分数是由所有分母小于或等于 n 的真分数组成,称之为 n 阶法雷数列.

表 1

F_1	$\frac{0}{1} \ \frac{1}{1}$
F_2	$\frac{0}{1} \ \frac{1}{2} \ \frac{1}{1}$
F_3	$\frac{0}{1} \ \frac{1}{3} \ \frac{1}{2} \ \frac{2}{3} \ \frac{1}{1}$
F_4	$\frac{0}{1} \ \frac{1}{4} \ \frac{1}{3} \ \frac{1}{2} \ \frac{2}{3} \ \frac{3}{4} \ \frac{1}{1}$
F_5	$\frac{0}{1} \ \frac{1}{5} \ \frac{1}{4} \ \frac{1}{3} \ \frac{2}{5} \ \frac{1}{2} \ \frac{3}{5} \ \frac{2}{3} \ \frac{3}{4} \ \frac{4}{5} \ \frac{1}{1}$
F_6	$\frac{0}{1} \ \frac{1}{6} \ \frac{1}{5} \ \frac{1}{4} \ \frac{1}{3} \ \frac{2}{5} \ \frac{1}{2} \ \frac{3}{5} \ \frac{2}{3} \ \frac{3}{4} \ \frac{4}{5} \ \frac{5}{6} \ \frac{1}{1}$
F_7	$\frac{0}{1} \ \frac{1}{7} \ \frac{1}{6} \ \frac{1}{5} \ \frac{1}{4} \ \frac{2}{7} \ \frac{1}{3} \ \frac{2}{5} \ \frac{3}{7} \ \frac{1}{2} \ \frac{4}{7} \ \frac{3}{5} \ \frac{2}{3} \ \frac{5}{7} \ \frac{3}{4} \ \frac{4}{5} \ \frac{5}{6} \ \frac{6}{7} \ \frac{1}{1}$
⋮	

由于 a 和 b 是互素的正整数,故 $a \neq b$. 不妨设 $a < b$,于是 $\frac{a}{b}$ 是一个既约的真分数,从而必出现在表 1 中的至少一行里. 假定 $\frac{c}{d}$ 是 F_n 中紧随 $\frac{a}{b}$ 之后的分数,则取 $x = -d, y = c$,即有

$$ax + by = bc - ad$$

因此,要证明引理 1,只需证明

$$bc - ad = 1 \qquad (1)$$

为证明式(1),在平面上取定一个直角坐标系,并将所有的格点(坐标都是整数的点)分为两类:一类是那些能在原点处看见的点,如图 1 中的点 $(2, 1)$,称为

第1章 利用法雷数列证明孙子定理

可见点;另一类是那些前面有障碍而在原点处看不见的点,如图1中的点$(6,3)$,称为非可见点.

容易看出,坐标有公因子$m>1$的点(ma,mb)被点(a,b)挡着,因而可见点的坐标是互素的.下面我们来证明它的逆命题:若a与b是互素的数,则点(a,b)是可见点.

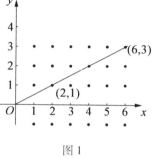

图1

因为在坐标轴上的可见点与非可见点是容易找出来的,所以我们只考虑非零整数a与b.现在假定a与b是互素的,但点$P(a,b)$被点$Q(c,d)$所挡(图2).

由相似三角形定理可得

$$\frac{c}{d}=\frac{a}{b}$$

因为点Q比点P更接近原点,且点P不在y轴上,故c的绝对值小于a的绝对值.同样,d的绝对值小于b的绝对值.但$\frac{a}{b}=\frac{c}{d}$,故$\frac{a}{b}$可以约简,这与a,b互素的假定矛盾.这一矛盾引出了我们所要证的结果.

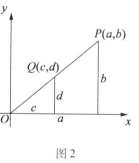

图2

现将分数$\frac{a}{b}$对应于格点(a,b),因为a,b互素,故

13

Farey 级数

(a,b) 是可见点. 因为 $\dfrac{a}{b}$ 属于某个法雷数列, 为确定起见, 不妨设 $\dfrac{a}{b}$ 属于 F_4, 而 F_4 中的分数为

$$\dfrac{0}{1}, \dfrac{1}{4}, \dfrac{1}{3}, \dfrac{1}{2}, \dfrac{2}{3}, \dfrac{3}{4}, \dfrac{1}{1}$$

将对应的格点画在图 3 之中. 这些分数中, 除 $\dfrac{1}{1}$ 外, 都是真分数, 且 $a \leqslant 3$, $b \leqslant 4$, 所以点 (a,b) 必在以

$O(0,0), A(3,3),$
$B(3,4), C(0,4)$

为顶点的四边形 R 的内部或边界上.

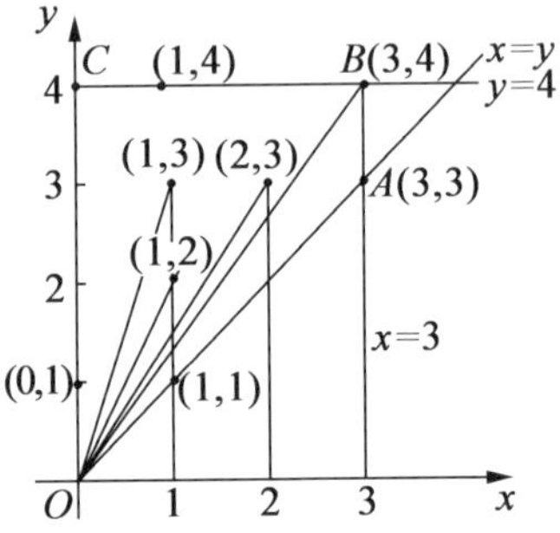

图 3

其次, 我们证明在区域 R 中的每个可见点都对应于 F_4 中的某个数. 设 $T(u,v)$ 是 R 中的一个可见点. 若 T 在 y 轴上, 则 T 必是点 $(0,1)$, 因而对应于 $\dfrac{0}{1}$, 即 F_4 中的第一个数; 若 T 在 $y=x$ 上, 则 T 必是点 $(1,1)$, 它对应于 F_4 中的最后一个数; 若 T 在 R 的其他地方, 则 T 在直线 $y=x$ 的上方以及直线 $y=4$ 上或其下方, 故 $u<v\leqslant 4$. 又由于 T 是可见点, 故 u 与 v 互素. 由此推知 $\dfrac{u}{v}$ 是既约真分数, 且分母小于或等于 4, 所以其必是 F_4 中的分数.

以上所做的讨论, 显然可以从 F_4 推广到 F_n. 这时

第1章 利用法雷数列证明孙子定理

F_n 中的数所对应的点都是四边形区域 R 内或边界上的可见点,且 R 内或边界上的可见点所对应的数都是 F_n 中的数,只不过四边形 R 的顶点的坐标分别变为 $(0,0),(n-1,n-1),(n-1,n),(0,n)$.

由于 $\dfrac{a}{b}$ 与 $\dfrac{c}{d}$ 是 F_n 中紧邻的两个数,且

$$\dfrac{a}{b} < \dfrac{c}{d}$$

因此点 $L(a,b)$ 与 $M(c,d)$ 是 R 中的可见点. 如图 4 所示,联结 OL,OM,则直线 OL 与 OM 的斜率恰为分数 $\dfrac{a}{b}$ 与 $\dfrac{c}{d}$ 的倒数 $\dfrac{b}{a}$ 与 $\dfrac{d}{c}$,故有

$$\dfrac{b}{a} > \dfrac{d}{c}$$

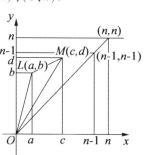

图 4

现在联结原点与 R 中的所有可见点. 由于 F_n 中的数是按递增顺序排列的,因而这些相应直线的斜率是递减的,所以在所有这些连线中,OL 与 OM 仍是紧邻的. 这说明在 $\triangle OLM$ 内部及边 LM 上没有 F_n 中的可见点. 显然也不可能有可见点出现在线段 OL 与 OM 上,因为 L 与 M 本身就是可见点. 这样一来,在 $\triangle OLM$ 内部或边上(顶点除外)都没有可见点,从而也没有格点,因为任何非可见点将被一个在 O 与它之间的可见点所遮住. 由此推知,$\triangle OLM$ 是一个本原三角形. 另一

Farey 级数

方面,因为 OL 的斜率大于 OM 的斜率,故 O,M,L,O 在三角形上出现的顺序与逆时针方向一致.根据解析几何中的公式,得

$$S_{\triangle OLM} = \frac{1}{2}\begin{vmatrix} 0 & 0 & 1 \\ c & d & 1 \\ a & b & 1 \end{vmatrix} = \frac{1}{2}(bc-ad)$$

所以

$$\frac{1}{2}(bc-ad) = \frac{1}{2}\text{①}$$

即 $bc-ad=1$. 至此,我们完全证明了式(1).

从表 1 及以上的证明中,我们对已证明的引理 1, 显然还能再多说一些题外的话:

(1)对已知的两个互素的正整数 a 与 b 来说,满足

$$ax+by=1 \qquad (2)$$

的整数 x 和 y 不是唯一的. 一方面,因为分数 $\dfrac{a}{b}$ 一般不只出现在表 1 的某一行中,例如,分数 $\dfrac{2}{5}$ 至少出现在 F_5, F_6, F_7 各行中,因此 $\dfrac{a}{b}$ 所在的任何一行中,与 $\dfrac{a}{b}$ 紧邻的后一个分数 $\dfrac{c}{d}$ 的分子 c 与分母的相反数 $-d$ 就可以分别取为 y 与 x.

---

① 根据"毕克定理"知,此三角形的面积为 $\dfrac{1}{2}$.

第1章 利用法雷数列证明孙子定理

另一方面,若 $\dfrac{e}{f}$ 是与 $\dfrac{a}{b}$ 紧邻的前一个分数,那么 $\dfrac{a}{b}$ 就是与 $\dfrac{e}{f}$ 紧邻的后一个分数,根据已经证明的结果,应有

$$af - be = 1$$

故又可取 $x = f, y = -e$.

由于表 1 中各行的第一个数都是 0,最后一个数都是 1,而 $\dfrac{a}{b}$ 是既约真分数,故对每个 $\dfrac{a}{b}$ 来说,既有与它紧邻的后一个分数,又有与它紧邻的前一个分数,所以至少有两组 x, y 的值满足式(2).

(2)对于已知的 a 与 b,如何求满足式(2)的 x 与 y?如果手边有法雷数列表 1 时,只要在表中查出分数 $\dfrac{a}{b}$,然后取它的前一个分数或后一个分数,按照上面所说的规则即可确定 x 和 y.

§1 孙 子 定 理

孙子定理 设 $m_1, m_2, \cdots, m_k$ 是两两互素的 $k(k \geq 2)$ 个正整数. 令

$$M = m_1 \cdot m_2 \cdot \cdots \cdot m_k = m_1 M_1 = m_2 M_2 = \cdots = m_k M_k$$

则同余式组

Farey 级数

$$\begin{cases} x \equiv b_1 \pmod{m_1} \\ x \equiv b_2 \pmod{m_2} \\ \quad \vdots \\ x \equiv b_k \pmod{m_k} \end{cases} \quad (3)$$

的正整数解为

$$x \equiv b_1 M'_1 M_1 + b_2 M'_2 M_2 + \cdots + b_k M'_k M_k \pmod{M} \quad (4)$$

式中 M'_i 是满足

$$M'_i M_i \equiv 1 \pmod{m_i}, i = 1, 2, \cdots, k$$

的正整数.

证明 因为 $m_1, m_2, \cdots, m_k$ 是两两互素的,所以当 $i \neq j$ 时,有 $(m_i, m_j) = 1$. 由于

$$M_i = \frac{M}{m_i} = m_1 \cdot m_2 \cdot \cdots \cdot m_{i-1} \cdot m_{i+1} \cdot \cdots \cdot m_k$$

所以 $(M_i, m_i) = 1, i = 1, 2, \cdots, k$

因为 $(M_1, m_1) = 1$,所以根据上面证明的引理 1,存在整数 M'_1, n_1,使得 $M_1 M'_1 + m_1 n_1 = 1$,于是存在 M'_1,使得

$$M'_1 M_1 \equiv 1 \pmod{m_1} \quad (5)$$

对其他的 M_i,同样存在整数 M'_i,使得

$$M'_i M_i \equiv 1 \pmod{m_i}, i = 2, 3, \cdots, k \quad (6)$$

另一方面,当 $j \neq i$ 时,由 $M_j = \dfrac{M}{m_j}$,推知 $m_i \mid M_j$,故当 $j \neq i$ 时

$$b_j M'_j M_j \equiv 0 \pmod{m_i} \quad (7)$$

由式(5)(6)(7),得

$$b_1 M'_1 M_1 + b_2 M'_2 M_2 + \cdots + b_k M'_k M_k$$

第1章 利用法雷数列证明孙子定理

$$\equiv b_i M'_i M_i \equiv b_i (\mathrm{mod}\ m_i) \quad\quad\quad (8)$$

于是,由式(8)知,式(4)是满足式(3)的正整数解.

现设 y 也同时满足式(3). 由于式(4)是满足式(3)的正整数解,故得

$$x \equiv y(\mathrm{mod}\ m_1), x \equiv y(\mathrm{mod}\ m_2), \cdots, x \equiv y(\mathrm{mod}\ m_k)$$

即 $\quad m_1 \mid (x-y), m_2 \mid (x-y), \cdots, m_k \mid (x-y)$

但 $m_1, m_2, \cdots, m_k$ 是两两互素的,所以 $M \mid (x-y)$,此即

$$x \equiv y(\mathrm{mod}\ M)$$

这就证明了式(4)是满足式(3)的唯一正整数解.

现在,我们根据孙子定理,来导出同余式组
$$\begin{cases} x \equiv a(\mathrm{mod}\ 3) \\ x \equiv b(\mathrm{mod}\ 5) \\ x \equiv c(\mathrm{mod}\ 7) \end{cases}$$
的解. 注意这时定理中的

$$m_1 = 3, m_2 = 5, m_3 = 7$$
$$b_1 = a, b_2 = b, b_3 = c$$

而

$$M = 3 \times 5 \times 7 = 105$$
$$M_1 = \frac{105}{3} = 35, M_2 = \frac{105}{5} = 21$$
$$M_3 = \frac{105}{7} = 15$$

因正整数 M'_1 满足 $M'_1 M \equiv 1(\mathrm{mod}\ 3)$,故由

$$1 \equiv M'_1 M_1 \equiv 35 M'_1 \equiv 2M'_1 (\mathrm{mod}\ 3)$$

得 $M'_1 = 2$. 同理,由

$$1 \equiv M'_2 M_2 \equiv 21 M'_2 \equiv M'_2 (\mathrm{mod}\ 5)$$
$$1 \equiv M'_3 M_3 \equiv 15 M'_3 \equiv M'_3 (\mathrm{mod}\ 7)$$

分别得到 $M'_2 = 1, M'_3 = 1$,于是

Farey 级数

$$M'_1 M_1 = 70, M'_2 M_2 = 21, M'_3 M_3 = 15$$

所以,由式(4)知,所求同余式组的正整数解为

$$x \equiv 70a + 21b + 15c \pmod{105}$$

在"物不知其数"(今有物不知其数,三三数之剩二,五五数之剩三,七七数之剩二,问物几何?)题中, $a = 2, b = 3, c = 2$,将 a, b, c 的这些值代入上式,得

$$x \equiv 70 \times 2 + 21 \times 3 + 15 \times 2 \equiv 140 + 63 + 30$$
$$\equiv 233 \equiv 23 \pmod{105}$$

这就是《孙子算经》中该题的解答.

"韩信点兵"是一道在民间流传很广的名题,它与"物不知其数"题型相同,也是求同余式组的正整数解的问题:

有兵一队,若列成五行纵队,则末行一人;若列成六行纵队,则末行五人;若列成七行纵队,则末行四人;若列成十一行纵队,则末行十人,求兵数.

解 设 x 为所求兵数,则由题意,有

$$x \equiv 1 \pmod 5, x \equiv 5 \pmod 6$$
$$x \equiv 4 \pmod 7, x \equiv 10 \pmod{11}$$

在本题中

$$m_1 = 5, m_2 = 6, m_3 = 7, m_4 = 11$$
$$b_1 = 1, b_2 = 5, b_3 = 4, b_4 = 10$$

而

$$M = 5 \times 6 \times 7 \times 11 = 2\ 310$$
$$M_1 = \frac{2\ 310}{5} = 462, M_2 = \frac{2\ 310}{6} = 385$$
$$M_3 = \frac{2\ 310}{7} = 330, M_4 = \frac{2\ 310}{11} = 210$$

第 1 章 利用法雷数列证明孙子定理

因正整数 M'_1 满足 $M'_1 M_1 \equiv 1 (\bmod 5)$,故由
$$1 \equiv M'_1 M_1 \equiv 462 M'_1 \equiv 2 M'_1 (\bmod 5)$$
得 $M'_1 = 3$. 类似地,由
$$1 \equiv M'_2 M_2 \equiv 385 M'_2 \equiv M'_2 (\bmod 6)$$
得 $M'_2 = 1$. 由
$$1 \equiv M'_3 M_3 \equiv 330 M'_3 \equiv M'_3 (\bmod 7)$$
与
$$1 \equiv M'_4 M_4 \equiv 210 M'_4 \equiv M'_4 (\bmod 11)$$
分别得到 $M'_3 = M'_4 = 1$. 于是根据式(4),得
$$x \equiv 3 \times 462 + 5 \times 385 + 4 \times 330 + 10 \times 210$$
$$\equiv 6\ 731 \equiv 2\ 111 (\bmod 2\ 310)$$
或 $\quad x = 2\ 111 + 2\ 310 k, k = 0, 1, 2, \cdots$

法雷序列的符号动力学

第 2 章

圆映射稳定周期轨道中有基本意义的是法雷序列.法雷序列的一个元素对应一个阿诺德(Arnol'd)舌头.当参数 k 值增大时,阿诺德舌头的结构越来越复杂,但其与法雷序列对应的超稳定轨道的模式,即符号表示,却保持不变.也就是说法雷序列保持线性映象的符号表示,这时映象退化为只有 P 符号,无 N 符号.以转数为 $\dfrac{3}{8}$ 的轨道为例:在线性情况下,设初始点的位置为 0,去掉与初始点(或末点)对应的点 $m_p(M_p)$,其余 7 个点的坐标可表示为

$$\frac{3}{8},\frac{6}{8},\frac{9}{8},\frac{12}{8},\frac{15}{8},\frac{18}{8},\frac{21}{8} \tag{1}$$

第 2 章 法雷序列的符号动力学

用符号表示为

$$P_0, P_0, P_1, P_1, P_1, P_2, P_2 \quad (2)$$

为方便起见,以 Δ 表示其以后符号的下标要加 1.

根据(1)和(2),可写出法雷树上任一转数对应的符号表示. 不过,对于法雷和 $\oplus$ 运算,我们有如下的符号规则:如法雷树上两个相邻转数为 $\dfrac{p_1}{q_1}$ 与 $\dfrac{p_2}{q_2}$,$0 < \dfrac{p_1}{q_1} < \dfrac{p_2}{q_2} < 1$,并且相应字为 W_1 与 W_2,则其间存在转数为 $\dfrac{p_1+p_2}{q_1+q_2}$ 的唯一字 W^* 为

$$W^* = W_1 \Delta P W_2 = W_2 P \Delta W_1 \quad (3)$$

为了应用这一规则,还必须给出边界字,即对应转数为 $\dfrac{1}{n}$ 与 $\dfrac{n-1}{n}$ 的轨道的符号表示. 不难看出,它们是

$$P^{n-1} \text{ 与 } P(\Delta P)^{n-2} \quad (4)$$

表 1 给出了按式(3)与(4)算得的法雷树中前 n 级轨道的符号表示. 由于字中字母的对称性,式(3)中两种组合的结果是相同的.

表 1

转数	简化表示	一般表示	
$\dfrac{1}{5}$	P^4	$P_0^4 m_1$	与 $P_1^4 M_1$
$\dfrac{1}{4}$	P^3	$P_0^3 m_1$	与 $P_1^3 M_1$

Farey 级数

续表 1

转数	简化表示	一般表示	
$\frac{2}{7}$	$P^3 \Delta P^3$	$P_0^3 P_1^3 m_2$	与 $P_1^3 P_2^3 M_2$
$\frac{1}{3}$	P^2	$P_0^2 m_1$	与 $P_1^2 M_1$
$\frac{3}{8}$	$P^2 \Delta P^3 \Delta P^2$	$P_0^2 P_1^3 P_2^2 m_3$	与 $P_1^2 P_2^3 P_3^2 M_3$
$\frac{2}{5}$	$P^2 \Delta P^2$	$P_0^2 P_1^2 m_2$	与 $P_1^2 P_2^2 M_2$
$\frac{3}{7}$	$P^2 \Delta P^2 \Delta P^2$	$P_0^2 P_1^2 P_2^2 m_3$	与 $P_1^2 P_2^2 P_3^2 M_3$
$\frac{1}{2}$	P	$P_0 m_1$	与 $P_1 M_1$
$\frac{4}{7}$	$P \Delta P^2 \Delta P^2 \Delta P$	$P_0 P_1^2 P_2^2 P_3 m_4$	与 $P_1 P_2^2 P_3^2 P_4 M_4$
$\frac{3}{5}$	$P \Delta P^2 \Delta P$	$P_0 P_1^2 P_2 m_3$	与 $P_1 P_2^2 P_3 M_3$
$\frac{5}{8}$	$P \Delta P^2 \Delta P \Delta P^2 \Delta P$	$P_0 P_1^2 P_2 P_3^2 P_4 m_5$	与 $P_1 P_2^2 P_3 P_4^2 P_5 M_5$
$\frac{2}{3}$	$P \Delta P$	$P_0 P_1 m_2$	与 $P_1 P_2 M_2$
$\frac{5}{7}$	$P \Delta P \Delta P^2 \Delta P \Delta P$	$P_0 P_1 P_2^2 P_3 P_4 m_5$	与 $P_1 P_2 P_3^2 P_4 P_5 M_5$
$\frac{3}{4}$	$P \Delta P \Delta P$	$P_0 P_1 P_2 m_3$	与 $P_1 P_2 P_3 M_3$
$\frac{4}{5}$	$P(\Delta P)^3$	$P_0 P_1 P_2 P_3 m_4$	与 $P_1 P_2 P_3 P_4 M_4$

现在证明式(3). 设在 k 值处 W_1 与 W_2 的超稳定轨道分别位于 ω_1 与 ω_2, 即

$$f^{(q_1)}_{\omega_1,k}(x_0) = x_0 + p_1, \quad f^{(q_2)}_{\omega_2,k}(x_0) = x_0 + p_2 \quad (5)$$

第 2 章　法雷序列的符号动力学

其中 x_0 为 m_0 或 M_0，下面设它为 m_0. 考虑作 ω 函数为
$$f_{\omega,k}^{(q_1)}(x_0) 与 f_{\omega,k}^{(-q_2)}(x_0+p_1+p_2)|_{W_2} \tag{6}$$
其中 $f^{(-q_2)}|_{W_2}$ 是按 W_2 的逆轨道定义的反函数. 因为 W_1 与 W_2 的 q_1-1 与 q_2-1 个字母都是 P, 所以 $f^{(q_1)}$ 是 ω 的增函数, $f^{(-q_2)}|_{W_2}$ 为 ω 的减函数. 当 ω 由 ω_1 增至 ω_2 时, $f_{\omega,k}^{(q_1)}(x_0)$ 由 x_0+p_1 往大值处增加, 而 $f_{\omega,k}^{(-q_2)}(x_0+p_1+p_2)|_{W_2}$ 由较大的值降至 x_0+p_1, 因此在 ω_1 与 ω_2 之间必有 ω^*, 使
$$f_{\omega^*,k}^{(q_1)}(x_0) = f_{\omega^*,k}^{(-q_2)}(x_0+p_1+p_2)|_{W_2} \tag{7}$$
如作 $f(\theta)$ 图, 可知 $f_{\omega_1,k}^{(-q_2+1)}(x_0+p_1+p_2)|_{W_2} < f_{\omega_1,k}(x_0+p_1+1)$. 否则, 在 (ω_1,ω_2) 内将存在 $\dfrac{p_2-1}{q_2-1}$ 的超稳定轨道. 这些轨道的字都由 P 与 Δ 组成, 转数是 ω 的单调递增函数, $\dfrac{p_2-1}{q_2-1}$ 不可能在 (ω_1,ω_2) 内, 因此有
$$x_0+p_1 < f_{\omega^*,k}^{(q_1)}(x_0) = f_{\omega^*,k}^{(-q_2)}(x_0+p_1+p_2)|_{W_2} < p_1+1-x_0 \tag{8}$$
即 $f_{\omega^*,k}^{(q_1)}(x_0)$ 位于 p_1 谷的 P 分支上, 合成轨道的符号为 $W_1\Delta P W_2$. 相似地, 讨论 $f_{\omega,k}^{(q_2)}(x_0)$ 与 $f_{\omega,k}^{(-q_1)}(x_0+p_1+p_2)|_{W_1}$, 可以得到 $W^* = W_2 P\Delta W_1$.

由等式(3)还可以看到, W_1 与 W_2 中周期短的一个必为周期长的那一个的一部分, 而且所有字都对其自身有反演对称性. 表1 的例子表明了法雷轨道的这种性质.

本节的符号有如下对应关系
$$P \longleftrightarrow L, \Delta P \longleftrightarrow R \tag{9}$$

Farey 级数

因此,如把转数为 $\frac{1}{2}$ 的轨道 LR 表示为 $P\Delta P$,并定义法雷变换为

$$\mathcal{T}_0 : P \to P, \Delta P \to P\Delta P \\ \mathcal{T}_1 : \Delta P \to \Delta P, P \to P\Delta P \quad (10)$$

则法雷地址为 $\langle I_0, I_1, \cdots, I_N \rangle$ 的轨道的 P, Δ 符号表示由下式给出

$$\mathcal{T}_{I_0} \mathcal{T}_{I_1} \cdots \mathcal{T}_{I_N}(P\Delta P) \quad (11)$$

把如此得到的字最后的 ΔP 去掉,即得与式(3)给出的一致的结果. 应该注意到,上述最后一个 ΔP 对应稳定轨道中最接近临界点的那个点,它可能位于 P 或 N,在 $k > 1$ 时仍写作 ΔP 是无意义的.

§1 新生轨道与拓扑度定理

随着 k 值的增加,(ω, k) 平面上阿诺德舌头内具有不同字的轨道数目越来越多,其拓扑结构对不同的阿诺德舌头并不一定都具有普适性,因此本节将首先讨论新生轨道的一般规则.

首先证明:转数为 $\frac{p}{q}$ 的超稳定轨道随 k 值的增加总是成对地出现,它们形成右倾的(对 m_0)或左倾的(对 M_0) U 形曲线. 这个问题可归结于研究方程

$$g(\omega, k) \equiv f^{(q)}_{\omega, k}(x_m) - x_m - p = 0 \quad (12)$$

第 2 章　法雷序列的符号动力学

的解,其中 $x_m = \pm \dfrac{1}{2\pi}\arccos\dfrac{1}{k}$. 在下面的讨论中,我们把 ω 作为变量,把 k 作为参数. 我们要证明:随着 k 值的增加,$g(\omega,k)=0$ 的新解成对地出现. 容易看出,$g(\omega,k)$ 是 ω 与 k 的单值连续函数,且随 $\omega \to \pm\infty$ 有 $g(\omega,k) \to \pm\infty$. 所以在 ω 轴的一个充分大的有限区间内,g 与 ω 轴有奇数个交点. 又因 $g(\omega,k)$ 随 k 连续地变化,新交点总是成对地出现,所以它对应于 $g(\omega,k)$ 曲线的一个峰或谷穿过 ω 轴. 这一对解的 $\mathrm{sgn}(g'_\omega)$ 分别为 1 与 -1. 在式(12)的解中,有一个对应于原始的法雷序列的元素,它的 $\mathrm{sgn}(g'_\omega)=1$. 因此对式(12)的所有解 ω_i, 拓扑度 $\sum\limits_i \mathrm{sgn}(g'_\omega)|_{\omega=\omega_i}=1$ 对 k 保持不变.

$g(\omega,k)$ 作为 ω 的函数出现峰值是与 $f_{m,k}^{(q)}(x)$ 作为 x 的函数出现峰值相联系的. 因此,随着 k 的变化,在某一 k 值处通过 $m(M)$ 的轨道经过 $M(m)$,(ω,k) 平面上由 m_0 出发的一对 $\dfrac{p}{q}$ 轨道(U 形)也将与由 M_0 出发的一对同样的 $\dfrac{p}{q}$ 的轨道(U 形)相交. 在随 k 值的增加而出现的这两条 U 形曲线的第一个交点处,由 m_0 出发的与由 M_0 出发的超稳定轨道是同一条轨道. 由这一交点出发,我们有四条超稳定轨道,两条对应 m_0,另两条对应 M_0,这四条轨道具有既不相同又相互有关的符号.

相应于 U 形曲线的两支,其符号字中只有一个字

27

Farey 级数

母不同. 对于通过 m_0 的超稳定轨道, 这个字母对应于 $f(x)$ 峰两边的两支, 因此, 如一支为 $P_n(N_n)$, 则另一支必为 $N_{n+1}(P_{n-1})$; 对于通过 M_0 的超稳定轨道, 这个字母对应于 $f(x)$ 谷两边的两支, 如一支为 $P_n(N_n)$, 则另一支必为 $N_{n+1}(P_{n+1})$. 这两对轨道中, 一对字母不同处的位置相应于另一对轨道的起点. 除这两对字母外, 四个字中的其他字母在作由 m_0 与 M_0 出发引起的符号不同的变换后是完全相同的.

作为例子, 图 1 与图 2 分别给出了 (ω,k) 平面上转数为 $\frac{1}{2}$ 与 $\frac{1}{3}$ 的超稳定轨道. 计算发现, 而且也容易证明, 在 $k=2n\pi$ 处有

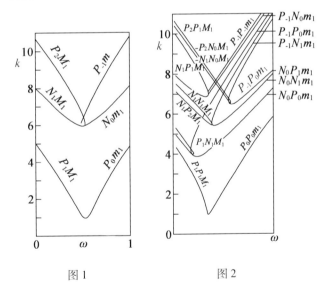

图 1　　　　　图 2

第 2 章 法雷序列的符号动力学

$$P_{-n}m_1, N_{-n+1}m_1, P_{-n+1}m_1, \cdots, P_{-1}m_1, N_0m_1, P_0m_1$$
(13)

共 $2n+1$ 条 $\frac{1}{2}$ 轨道. 这表明 2 周期轨道近似地以 $\Delta k = 2\pi$ 为周期产生新的轨道. $\frac{0}{2}$ 轨道 $\left(\frac{0}{1}\right.$ 的倍周期轨道$\left.\right)$ 也有类似的情况. 新生轨道的数目随 k 与周期长度 q 迅速增加. 例如, $\frac{1}{3}$ 轨道的数目随 k 的变化如表 2 所示.

表 2

k	π	2π	3π	4π	5π
轨道数	1	5	11	21	31

又如在 $k=2\pi$ 处有 3 条 $\frac{1}{2}$ 轨道, 5 条 $\frac{1}{3}$ 轨道, 15 条 $\frac{1}{4}$ 轨道, 51 条 $\frac{2}{5}$ 轨道, ……此外, 这些结构对不同的阿诺德舌头无普适性. 如果需要, 很容易用计算机来生成它们, 这里不再进一步讨论.

Farey 级数

§2 法雷序列与 M.S.S. 序列的 ∗ 积及二元树

研究由映射

$$F_{\frac{p}{q}}(x,\omega,k) \equiv f_{\omega,k}^{(q)}(x) - p \qquad (14)$$

确定的轨道,其不动点 $F_{\frac{p}{q}}(x,\omega,k) = x$ 即转数为 $\frac{p}{q}$ 的轨道. 随 k 的增大,当不动点处的 $\left|\dfrac{\mathrm{d}F_{\frac{p}{q}}}{\mathrm{d}x}\right| > 1$ 时,$\frac{p}{q}$ 舌头中原始的法雷序列轨道失稳,发生分岔. 当 $k > 1$ 时,$F_{\frac{p}{q}}$ 不动点邻域的一个区域内,$F_{\frac{p}{q}}(x,\omega,k)$ 可以看作 S 单峰映射,它把这个区间映射于其自身. 对这个 S 单峰映射,在发生危机前,其周期轨道由 M.S.S. 序列描述. 对 $f_{\omega,k}(x)$ 映射来说,这样的轨道由法雷序列的字与 M.S.S. 序列的字的 ∗ 积来描述. 对于超稳定轨道,原来法雷序列中的字 m_p(或 M_p),每经过 $f_{\omega,k}(x)$ 的 q 次迭代,将按 M.S.S. 序列中的字母进行描述. 因此可如下表述法雷序列与 M.S.S. 序列的 ∗ 积.

设 $M = \sigma_1, \sigma_2, \cdots, \sigma_{n-1}$ 为 M.S.S. 序列中的一个字,其中 σ 表示 N 或 P(即单峰映射中的 R 或 L). 如果映射 $F_{\frac{p}{q}}$ 有周期轨道 M,则对应的 f 有周期轨道 $W * M$,其中 W 为转数为 $\frac{p}{q}$ 的轨道的符号字(不含 m_p 或 M_p). 按 ∗ 积的定义

第 2 章 法雷序列的符号动力学

$$W * M = W(\tau_1)_p W_p(\tau_2)_{2p} W_{2p}(\tau_3)_{3p} \cdots$$
$$W_{(n-2)p}(\tau_{n-1})_{(n-1)p} W_{(n-1)p}(\tau_n)_{np} \quad (15)$$

其中,当 W 为偶时,$\tau_i = \sigma_i$,否则 τ_i 取与 σ_i 相反的符号;$(\tau_i)_{ip}$ 表示 τ_i 在第 ip 个谷(或峰)处;W_p 表示 W 中字母的下标都要加 p. 在一固定 ω 处,随 k 的增大,按 M.S.S. 序列的顺序,出现 $W * M$ 轨道序列. 对于标准正弦圆映射,完全的 M.S.S. 序列易在阿诺德舌头的 k 值处的稳定区附近出现.

连分数和法雷表示

第 3 章

在讨论圆映射的符号动力学时,需要做关于实数连分数表示和法雷表示的一些数学准备.

对于实数 $\rho \in (0,1)$,可递归地定义正整数序列 $\{a_i\}_1^\infty$ 和实数序列 $\{\rho_i\}_0^\infty$ 如下. 记 $\rho_0 = \rho$,有

$$a_{i+1} = \left[\frac{1}{\rho_i}\right] \quad (1)$$

$$\rho_{i+1} = \frac{1}{\rho_i} - a_{i+1} \quad (2)$$

此处记号 $[x]$ 表示不超过 x 的最大整数. 于是

第3章 连分数和法雷表示

$$\rho = \rho_0 = \cfrac{1}{a_1 + \rho_1} = \cfrac{1}{a_1 + \cfrac{1}{a_2 + \rho_2}}$$

$$= \cfrac{1}{a_1 + \cfrac{1}{a_2 + \cfrac{1}{a_3 + \cdots}}} \qquad (3)$$

上式即为 ρ 的连分数表示. 为书写方便,上式往往记作

$$\rho = [a_1, a_2, a_3, \cdots] \qquad (4)$$

例如,设 $g = [1,1,1,\cdots]$,则有 $g = \cfrac{1}{1+g}$,解得 $g = \cfrac{\sqrt{5}-1}{2} = 0.618\cdots$.

所有有理数具有有限的连分数表示. 对于有限连分数,根据定义,应有

$$[a_1, a_2, \cdots, a_n, 1] = [a_1, a_2, \cdots, a_n + 1] \qquad (5)$$

以下永远以第一种记法为准,设

$$r = [a_1 + 1, a_2, \cdots, a_n, 1]$$

此处为了方便,将首元写成 $a_1 + 1$. 有理数 r 的法雷表示定义为

$$r = \langle b_{11} b_{12} \cdots b_{1a_1} b_{21} \cdots b_{na_n} \rangle \qquad (6)$$

其中 b_{ij} 仅取 ± 1,具体地为

$$b_{ij} = (-1)^i \qquad (7)$$

以下将 b_{ij} 的 ± 1 分别记作 1 和 $\bar{1}$. 例如

$$\frac{2}{7} = [3,1,1] = \langle \overline{111} \rangle \qquad (8)$$

引入法雷矩阵

Farey 级数

$$F_1 = \begin{pmatrix} 0 & 1 \\ -1 & 2 \end{pmatrix}, F_{\bar{1}} = \begin{pmatrix} 1 & 0 \\ 1 & 1 \end{pmatrix} \qquad (9)$$

可以证明:如果有理数

$$\frac{p}{q} = \langle b_1 \cdot b_2 \cdot \cdots \cdot b_k \rangle \equiv \langle \beta \rangle$$

此处 p 和 q 互质,则

$$\begin{pmatrix} p \\ q \end{pmatrix} = F_{b_1} \cdot F_{b_2} \cdot \cdots \cdot F_{b_k} \cdot \begin{pmatrix} 1 \\ 2 \end{pmatrix} \equiv \langle \beta \rangle \cdot \begin{pmatrix} 1 \\ 2 \end{pmatrix} (10)$$

据此,由式(9)可推得实数$\langle \beta \rangle$的法雷变换

$$\langle 1\beta \rangle = \frac{1}{2 - \langle \beta \rangle} > \langle \beta \rangle, \langle \bar{1}\beta \rangle = \frac{\langle \beta \rangle}{1 + \langle \beta \rangle} < \langle \beta \rangle$$

(11)

§1 法雷变换和良序符号序列

如果圆映射的提升映射是非降的,则圆映射的所有轨道良序且具有同一转数. 为此,本节先考察提升映射为非降的简单情形. 这时如果将圆映射的映射函数在区间[0,1)上表示出来,则一般如图 1 所示. 函数有两个上升支 L 和 R,之

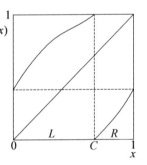

图 1 圆映射提升非降时的映射函数

间有间断点 C. 一条轨道对应于字母 R 和 L 组成的符号序列. 因为每出现一次 R, 表明转过一周, 所以, 由符号序列可计算转数如下

$$\rho = \lim_{n \to \infty} \frac{n_R}{n} \qquad (12)$$

此处 n_R 为给定符号序列的前 n 个字母中 R 的总数.

由图 1 知, 映射的符号序列的排序规则为

$$s_1 s_2 \cdots s_n R \cdots > s_1 s_2 \cdots s_n L \cdots \qquad (13)$$

此处 s_i 为字母 R 和 L 之一, 并且, 符号序列应满足

$$\mathfrak{R} \leqslant \mathfrak{L} \qquad (14)$$

此处记号 $\mathfrak{R}$ 仍然表示给定序列中的所有字母 R 的后继序列的集合, $\mathfrak{L}$ 的意义也类同. 满足条件 (14) 的仅由字母 R 和 L 所组成的序列称为良序符号序列, 它与良序轨道对应. 以转数 $\rho = \frac{1}{2}$ 为例, 序列 $(RL)^n R(RL)^\infty$ 为良序符号序列, 因为

$$\mathfrak{R} \leqslant (RL)^\infty \leqslant \mathfrak{L}$$

但是, 序列 $(R^2 L^2)^\infty$ 不为良序, 因为

$$\mathfrak{R} \ni (RL^2 R)^\infty > (LR^2 L)^\infty \in \mathfrak{L}$$

虽然良序条件 (14) 很简单, 却有重要的结果. 其中之一为: 转数 $\rho \in \left(\frac{n-1}{n}, \frac{n}{n+1} \right)$ 的周期良序序列只含字节 $R^{n-1} L$ 和 $R^n L$; 转数 $\rho \in \left(\frac{1}{n+1}, \frac{1}{n} \right)$ 时, 只含字节 RL^{n-1} 和 RL^n. 因为二者的证明类似, 不妨只证前者. 显然, 仅由字节 $R^{n-1} L$ 和 $R^n L$ 组成的周期符号序列, 其转数必在 $\frac{n-1}{n}$ 和 $\frac{n}{n+1}$ 之间. 如果序列含字节 $R^{n+k} L$,

Farey 级数

$k \geq 1$,则有

$$\mathfrak{R} \ni R^n L \cdots > R^{n-1} \cdots \in \mathfrak{L} \qquad (15)$$

如果含字节 $R^{n-k-1}L$,则有

$$\mathfrak{R} \ni R^{n-1} L \cdots > R^{n-k-1} L \in \mathfrak{L} \qquad (16)$$

式(15)和式(16)均违反良序条件.

良序符号序列存在简单的合成律,它就是法雷变换. 法雷变换定义为

$$\mathscr{F}_1 : R \to R, L \to RL$$
$$\mathscr{F}_{\bar{1}} : R \to LR, L \to L \qquad (17)$$

它保持符号序列的良序性,证明如下:首先,因为

$$\mathscr{F}_1(R\cdots) = RR\cdots, \mathscr{F}_1(L\cdots) = RL\cdots$$
$$\mathscr{F}_{\bar{1}}(R\cdots) = LR\cdots, \mathscr{F}_{\bar{1}}(L\cdots) = LL\cdots \qquad (18)$$

容易证实,对于不同的(良序或非良序的)符号序列 P 和 Q,有

$$P > Q \Rightarrow \mathscr{F}(P) > \mathscr{F}(Q) \qquad (19)$$

此处 $\mathscr{F}$ 记 $\mathscr{F}_1$ 和 $\mathscr{F}_{\bar{1}}$ 中任一变换. 式(19)表明法雷变换是保序的. 以下仅以 $\mathscr{F}_1$ 为例来证明法雷变换保持良序性. 设一符号序列的 $\mathfrak{L}$ 和 $\mathfrak{R}$ 变换为 $\widetilde{\mathfrak{L}}$ 和 $\widetilde{\mathfrak{R}}$,则应有

$$\mathfrak{L} \xrightarrow{\mathscr{F}_1} \widetilde{\mathfrak{L}} = \{\mathscr{F}_1(\mathfrak{L})\}, \mathfrak{R} \xrightarrow{\mathscr{F}_1} \widetilde{\mathfrak{R}} = \{\mathscr{F}_1(\mathfrak{R}), L\mathscr{F}_1(\mathfrak{L})\} \qquad (20)$$

由 $\mathscr{F}_1$ 的定义知,$\mathscr{F}_1(\mathfrak{L})$ 的首字母为 R,所以 $\mathscr{F}_1(\mathfrak{L}) > L\mathscr{F}_1(\mathfrak{L})$. 由原序列的良序性知,有 $\mathfrak{L} \geq \mathfrak{R}$. 再由 $\mathscr{F}_1$ 的保序性知,有 $\mathscr{F}_1(\mathfrak{L}) \geq \mathscr{F}_1(\mathfrak{R})$. 于是,$\widetilde{\mathfrak{L}} \geq \widetilde{\mathfrak{R}}$. 由变换 $\mathscr{F}_{\bar{1}}$ 的定义可以证实

第3章 连分数和法雷表示

$$\mathfrak{L} \xrightarrow{\mathscr{F}_{\bar{1}}} \widetilde{\mathfrak{L}} = \{\mathscr{F}_{\bar{1}}(\mathfrak{L}), R\mathscr{F}_{\bar{1}}(\mathfrak{R})\}$$
$$\mathfrak{R} \xrightarrow{\mathscr{F}_{\bar{1}}} \widetilde{\mathfrak{R}} = \{\mathscr{F}_{\bar{1}}(\mathfrak{R})\}$$
(21)

式(20)和(21)表明,无论 $\mathscr{F}$ 为 $\mathscr{F}_1$ 或 $\mathscr{F}_{\bar{1}}$,均有

$$\max\{\widetilde{\mathfrak{R}}\} = \mathscr{F}(\max\{\mathfrak{R}\})$$
$$\min\{\widetilde{\mathfrak{L}}\} = \mathscr{F}(\min\{\mathfrak{L}\})$$
(22)

(如果只考虑保序和保持良序的要求,则另有如下变换

$$\mathscr{F}'_1 : R \to R, L \to LR$$
$$\mathscr{F}'_{\bar{1}} : R \to RL, L \to L$$
(23)

但是,它们不满足式(22),不如 $\mathscr{F}_1$ 和 $\mathscr{F}_{\bar{1}}$ 方便,以下不再考虑).

良序周期序列有一个重要性质,它的 $\max\{\mathfrak{R}\} \equiv \mathfrak{R}°_M$,在所有仅由字母 R 和 L 组成的同转数周期序列的 $\max\{\mathfrak{R}\} \equiv \mathfrak{R}_M$ 中为最小,而它的 $\min\{\mathfrak{L}\} \equiv \mathfrak{L}°_m$,在同转数周期序列中为最大.因为 $R\max\{\mathfrak{R}\}$ 和 $L\min\{\mathfrak{L}\}$ 分别为周期序列的移位最大和最小序列,上述性质可简述为良序周期序列具有最小右极点和最大左极点.现在用反证法证明如下:假定另有非良序周期符号序列 I,它的 $\max\{\mathfrak{R}\} = \mathfrak{R}_M$,在所有同转数周期序列中为最小.因为它非良序,必有 $\mathfrak{L}_m = \min\{\mathfrak{L}\} < \mathfrak{R}_M$.于是,存在字节 P 和 Q,满足

$$\mathfrak{R}_M = (PLQR)^\infty, \mathfrak{L}_m = (QRPL)^\infty \quad (24)$$
$$PLQR > QRPL \quad (25)$$

此处字节 $PLQR$ 为周期序列 I 的基本字节,其字长为

37

q. 记字节 P 和 Q 的字长分别为 p' 和 q'. 字节 P 必以 R 结尾,否则 L_m 不为 $(QRPL)^\infty$. 同样,Q 必以 L 结尾. 显然,$R\mathfrak{R}_M = (RPLQ)^\infty$ 为移位最大序列. 如果在移位算符 $\mathscr{S}$ 下

$$\mathscr{S}^k(PL) < RPL, 0 \leq k \leq p' \qquad (26)$$

则可构造序列 $I' = (PLRQ)^\infty$,其移位将均小于 $R\mathfrak{R}_M$.

证明如下:由式 (26) 知,当 $0 \leq k \leq p'$ 时

$$\mathscr{S}^k(PLRQ) < (RPLQ)^\infty \qquad (27)$$

再由式 (25),有

$$RQPL < RQRPL < RPLQR \qquad (28)$$

此式表明式 (27) 对 $k = p' + 1$ 也成立. 另外,再由 $R\mathfrak{R}_M$ 的移位最大性,有

$$(RPLQ)^\infty > \mathscr{S}^j((QRPL)^\infty)$$
$$> \mathscr{S}^j((QPLR)^\infty), 0 \leq j \leq q' \qquad (29)$$

以上已考虑了序列 I' 的所有不同移位,因而,新构造的序列有较小的 $\mathfrak{R}_M$,与最初假定矛盾.

提升为非单调的圆映射

第 4 章

正弦圆映射当参数 b 大于 1 时,提升映射变为非单调的. 本章以下只讨论零点的一次逆象只有一个的情形. 不过,这里介绍的分析方法也适于更一般的情形. 此时,圆映射的映射函数一般如图 1(a)(一般情形)所示,零点的唯一的一次逆象为 d,函数有一个极小点 s 和极大点 g. 此三点分区间 $[0,1]$ 为四段,依次为 M, L, R 和 N. 轨道符号序列涉及四个字母(当然包括它们的退化 d, g 和 s). 往往通过平移可将零点取在极小点 s 处,此时符号序列可只涉及三个字母 L, R 和 N,映射函数如图 1(b)(零点取在极小点处的情形)所示. 同时,还存在另一种只涉及三个字母 M, L 和 R 的情形,此时零点取在极大点处(为了保

Farey 级数

证有 $s<d<g$,可限定区间为$(0,1]$). 如果这三种等价的零点取法同时存在,均可保证零点的一次逆象只有一个,则不同取法下同一轨道的符号序列之间,通过连续性相联系,具体解释如下:对于如图 1(a)(一般情形)所示的映射的四字母符号序列 I,称它的某字母 R 为最小 R,记作 $R^<$,如果其后续序列为 $\min\{\mathfrak{R}\}$,即该序列在所有 R 的后续序列中为最小. 类似地,最小 M 记作 $M^<$,最大 L 记作 $L^>$,最大 N 记作 $N^>$,它们的后续序列分别为 $\min\{\mathfrak{M}\}$,$\max\{\mathfrak{L}\}$ 和 $\max\{\mathfrak{N}\}$. 连续地改变映射零点,可导致同一轨道的符号序列有如下字母对变换

$$R^<M^< \to LN \text{ 或 } L^>N^> \to RM \qquad (1)$$

此连续性变换可导致图 1(b)(零点取在极小点处的情形)和图 1(c)(零点取在极大点处的情形)两种三字母符号序列之间的变换.

对于一般的四字母符号序列,不难推广二字母符号序列的转数公式(第 3 章 §1 式(12)),由符号序列计算转数如下

$$\rho = \lim_{n\to\infty} \frac{n_R + n_N}{n} \qquad (2)$$

此处取极限的分式中的分母 n 为序列字头的字长,分子为该字头中字母 R 总数 n_R 和字母 N 总数 n_N 之和. 显然,上述连续性变换(1)不改变转数. 映射参数发生连续变化时,特定轨道往往可发生连续变化,如果这时轨道的符号序列变化如上述变换,则可以认为轨道的拓扑性质未变. 另外,在给定映射下连续改变轨道初始

第4章 提升为非单调的圆映射

点时,也可出现如下的变化

$$XLN\cdots \to Xd\cdots \to XRM\cdots \quad (3)$$

或相反方向的变化,此处 X 为有限字节.

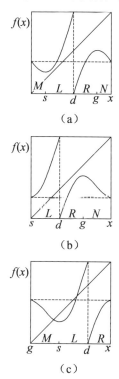

图1 提升映射函数为非单调时圆映射的映射函数

对于图1(a)(一般情形)所示的四字母映射,也可推广区间多临界点映射符号序列的排序规则如下:字母 N,M 为奇,字母 R,L 为偶,自然序为

$$M < L < R < N \quad (4)$$

41

Farey 级数

如果两个符号序列的最长公共字头为偶,则排序依第一个相异字母的自然序;否则,排序与第一个相异字母的自然序相反.

极小值 $f(s)$ 和极大值 $f(g)$ 的符号序列是映射的揉序列,分别记作 K_s 和 K_g. 由映射函数图可以看出,符号序列的允字条件为

$$\mathfrak{R} \leq K_g, K_s \leq \mathfrak{M} \leq \mathfrak{N} \leq K_g, \mathfrak{L} \geq K_s \quad (5)$$

显然,揉序列 K_s 和 K_g 也应满足允字条件. 以下称满足允字条件(5)的揉序列组合为相容揉序列对,或简称相容对,记作 (K_s, K_g).

为了讨论方便,以下仅限于考虑图 1(b)(零点取在极小点处的情形)所示的三字母 L, R 和 N 的情形. 一个重要的命题是:任一周期符号序列的存在,意味着同转数良序周期符号序列的存在. 如果给定的周期序列仅由字母 R 和 L 组成,则根据第 3 章的讨论有

$$\mathfrak{R}°_M < \mathfrak{R}_M \leq K_g, \mathfrak{L}°_m > \mathfrak{L}_m \geq K_s \quad (6)$$

此处 $\mathfrak{R}_M$ 和 $\mathfrak{R}°_M$ 分别记给定序列和同转数良序序列的 $\max\{\mathfrak{R}\}$,记号 $\mathfrak{L}_m$ 和 $\mathfrak{L}°_m$ 的意义类推,所以,良序序列必满足允字条件,为同一映射所允许. 如果给定的周期序列含字母 N,令其基本周期字节为 $X_1 N X_2 N \cdots N X_k$,此处字节 X_i 只含字母 R 和 L,或为空字节,并且

$$\min\{\mathfrak{L}, \mathfrak{R}\} = (X_1 N X_2 N \cdots N X_k)^\infty \equiv I \quad (7)$$

显然,以字母 R 替代 N 不改变转数,且

$$\mathfrak{R}°_M \leq \max\{\mathfrak{R}((X_1 R X_2 R \cdots R X_k)^\infty)\}$$
$$< \max\{\mathfrak{R}(I), \mathfrak{N}(I)\} \leq K_g \quad (8)$$

由式(7),有

第4章 提升为非单调的圆映射

$$X_iN \geqslant X_1N, 2 \leqslant i < k; X_kX_1N > X_1N \qquad (9)$$

对于仅由字母 R 和 L 组成的字节 P 和 Q，如果 $PN \geqslant QN$，则或者 $P > Q$，或者 P 为 Q 的字头，二者必居其一. 如果字节 P 含字母 L，记 $(PR)'$ 为将 PR 中最后一个字母 L 与末字母 R 对换所得新字节，如果 PR 不含 L，则为其自身. 显然

$$(PR)' > QN \qquad (10)$$

当 X_1 不含 L 时，由式(9)知，所有 X_i 均不含 L，给定序列的转数为 1. 不难验证，此时良序周期序列 R^∞ 满足允字条件. 除去此平庸例外，应有

$$(X_iR)' > X_1N, 2 \leqslant i < k; X_k(X_1R)' > X_1N \qquad (11)$$

令 $I' = ((X_1R)'(X_2R)' \cdots X_k)^\infty$，设 $X_1 = X_{i_1}LX_{i_2}$，由式(7)应有

$$X_{i_2}N \geqslant X_1N \qquad (12)$$

当 X_{i_2} 不含 L 时，由式(11)有

$$(X_iR)' = X_{i_1}RX_{i_2}L, (X_{i+1}R)' > X_1N \qquad (13)$$

否则，由式(12)有

$$(X_iR)' = X_{i_1}L(X_{i_2}R)', (X_{i_2}R)' > X_1N \qquad (14)$$

于是

$$\min\{\mathfrak{L}(I')\} \equiv \mathfrak{L}'_m > X_1N \qquad (15)$$

进而，由良序序列的 $\mathfrak{L}^\circ_m$ 为最大，得

$$\mathfrak{L}^\circ_m \geqslant \mathfrak{L}'_m > X_1N > I \geqslant K_s$$

结合式(8)，最终证明了同转数良序周期序列满足允字条件.

以上证明可直接推广到给定序列为非周期的情形. 因而，对于给定转数，只要存在一个符号序列为允

Farey 级数

许序列,则同转数良序周期序列也为允许序列.

对于提升映射为非单调的圆映射,可推广字母 R 和 L 的法雷变换以包括字母 N 和 M 如下

$$\mathscr{F}_1: R \to R, L \to RL, N \to N, M \to RM$$
$$\mathscr{F}_{\bar{1}}: R \to LR, L \to L, N \to LN, M \to M \qquad (16)$$

显然,变换 $\mathscr{F}_1$ 和 $\mathscr{F}_{\bar{1}}$ 不改变奇偶性. 也不难验证,它们均保序,即

$$P > Q \Rightarrow \mathscr{F}(P) > \mathscr{F}(Q) \qquad (17)$$

此处 $\mathscr{F}$ 可为 $\mathscr{F}_1$ 或 $\mathscr{F}_{\bar{1}}$. 但是,更重要的是,如果 (K_s, K_g) 为相容揉序列对,则 $(\mathscr{F}K_s, \mathscr{F}K_g)$ 也为相容对. 以下只对 $\mathscr{F}_1$ 证明,对 $\mathscr{F}_{\bar{1}}$ 的证明很类似,在变换 $\mathscr{F}_1$ 下

$$\mathfrak{L} \xrightarrow{\mathscr{F}_1} \widetilde{\mathfrak{L}} = \{\mathscr{F}_1(\mathfrak{L})\}, \mathfrak{M} \xrightarrow{\mathscr{F}_1} \widetilde{\mathfrak{M}} = \{\mathscr{F}_1(\mathfrak{M})\}$$
$$\mathfrak{N} \xrightarrow{\mathscr{F}_1} \widetilde{\mathfrak{N}} = \{\mathscr{F}_1(\mathfrak{N})\} \qquad (18)$$
$$\mathfrak{R} \xrightarrow{\mathscr{F}_1} \widetilde{\mathfrak{R}} = \{\mathscr{F}_1(\mathfrak{R}), L\mathscr{F}_1(\mathfrak{L}), M\mathscr{F}_1(\mathfrak{M})\}$$

根据式(16),任意序列 I 的变换 $\mathscr{F}_1(I)$ 均以字母 R 或 N 起首,可知

$$\min\{\widetilde{\mathfrak{L}}, \widetilde{\mathfrak{M}}\} = \mathscr{F}_1(\min\{\mathfrak{L}, \mathfrak{M}\})$$
$$\max\{\widetilde{\mathfrak{N}}, \widetilde{\mathfrak{R}}\} = \mathscr{F}_1(\max\{\mathfrak{N}, \mathfrak{R}\}) \qquad (19)$$

因此

$$\min(\mathfrak{L}, \mathfrak{M}) \geqslant K_s \Rightarrow \min\{\widetilde{\mathfrak{L}}, \widetilde{\mathfrak{M}}\} \geqslant \mathscr{F}_1(K_s) = \widetilde{K}_s$$
$$\max(\mathfrak{N}, \mathfrak{R}) \leqslant K_g \Rightarrow \max\{\widetilde{\mathfrak{N}}, \widetilde{\mathfrak{R}}\} \leqslant \mathscr{F}_1(K_g) = \widetilde{K}_g \qquad (20)$$

由以上证明过程还可以看出,如果一个符号序列为给

第 4 章 提升为非单调的圆映射

定揉序列对所允许,则变换后的序列也必为变换后的揉序列对所允许.

最后举例说明无转数符号序列的存在. 设相容对的揉序列为 $K_g = (RL)^\infty$ 和 $K_s = (LRL)^\infty$. 容易验证它们确为相容对,并且由字节 RL 和 RLL 所组成的任何符号序列均为允许的. 由直接计算可以证实

$$\frac{1}{2} > \frac{k+h}{3k+2h} > \frac{1}{2} - \varepsilon, \text{ 如果 } h \geqslant \frac{k}{4\varepsilon}$$
$$\frac{1}{3} < \frac{k+h}{2k+3h} < \frac{1}{3} + \varepsilon, \text{ 如果 } h \geqslant \frac{k}{9\varepsilon} \quad (21)$$

现在可构造一个符号序列,它由 n_{2k} 个字节 RL 和 n_{2k+1} 个字节 RLL 连接组成,其中各个 n_k 定义如下

$$n_0 = 1, n_{k+1} = \left[\frac{k+3}{4}\right] \sum_{i=0}^{k} n_i \quad (22)$$

不难验证,如果将 ε 取作 $\frac{1}{k}$,此处 n_{k+1} 和 n_k 的关系满足式(21)中 h 和 k 之间的条件. 因而,记 $v_j = \sum_{i=1}^{j} n_i$,则有

$$\lim_{k \to \infty} \rho_{v_{2k}} = \frac{1}{2}, \lim_{k \to \infty} \rho_{v_{2k+1}} = \frac{1}{3} \quad (23)$$

可以看出,以上的构造方法不难推广到存在转数区间的任意映射情形.

周期性的输入与周期性的输出的关系

第 5 章

§1 线性系统和非线性系统的输入和输出

我们来看一个带有频率为 Ω 的周期性的输入 $A\cos\Omega t$ 加于一个线性系统中会有什么结果.

例如,阻尼振荡线性系统

$$\ddot{x}+2\alpha\dot{x}+\omega_0^2 x=A\cos\omega_1 t \quad (1)$$

当振幅 A 固定时,在强迫振荡频率 $\omega_1=\sqrt{\omega_0^2-\alpha^2}$ 处,当 α 很小,ω_1 接近于系统的固有频率 ω_0 时,x 达到最大,力学上称为共振. 因此,周期输入也是周期输出.

而对非线性系统却不一样,由于系统内部的各种尺度(频率)的相互作用,输入若是一个频率 ω,那么输出既可以有 ω 的

第5章 周期性的输入与周期性的输出的关系

振荡,也可以有频率为 $\dfrac{\omega}{n}$(n 为整数)的次谐波,也可以有混沌,见图 1.

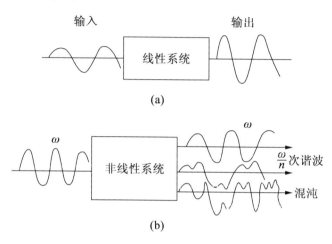

图 1 输入和输出

例如,强迫非线性振荡

$$\ddot{x} + \alpha\dot{x} - x + x^3 = A\cos\omega_1 t \qquad (2)$$

产生的输出频率 ω_2 和输入频率 ω_1 之比可以写成

$$\frac{\omega_2}{\omega_1} = \frac{p}{q} \qquad (3)$$

其中 p 和 q 是两个整数,且 p,q 的任何公共因子要去除.因此,若 $\dfrac{p}{q}$ 是有理数,那么就说系统的状态是周期的;若 $\dfrac{p}{q}$ 是无理数,那么系统的状态就是拟周期的.

当强迫项和阻尼项都是零时,此时方程(2)变成

$$\ddot{x} - x + x^3 = 0 \qquad (4)$$

Farey 级数

将式(4)化成方程组形式

$$\begin{cases} \dot{x} = y \\ \dot{y} = x - x^3 \end{cases} \quad (5)$$

式(5)有三个定常状态:(0,0),(1,0),(-1,0).很容易说明,定常状态(0,0)是鞍点,定常状态(1,0)和(-1,0)是中心点.围绕中心点的运动是周期运动,而且当振幅加大时,周期也加长.所以内部产生的周期和外部产生的强迫周期之间可以有各种各样的比值,包括谐波在内.

若加上阻尼力,那么定常状态(1,0)和(-1,0)就变成了稳定的焦点吸引子,此时定常状态(1,0)和(-1,0)就好比位势的两个槽,而定常状态(0,0)就好比位势的一个脊,见图2.若一个小球在左槽内振动,时间很长以后,它就被吸引到左槽底部.若一个小球在右槽内振动,时间很长以后,它就被吸引到右槽底部.此时系统中仅有耗散力,因而运动是简单的,阻尼耗散能量使得运动衰减下来.

但是若加上强迫项后,它成为系统的驱动力.不断变化强迫项的振幅A,到一定程度,驱动力和耗散力相比拟时,左槽中的小球在左槽中来回振荡几次后就被甩到右槽中,在右槽中又来回振荡几次后被甩到左槽中,且左右槽来回振荡的次数不定,这就形成了非周期的混沌,见图2.

所以,对非线性系统,输入是周期的,但输出可能是拟周期的,甚至于非周期的.拟周期运动是混沌的前兆.

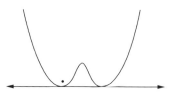

图 2　强迫振动的混沌模型

§2　三维相空间中的拟周期运动

在三维相空间中,拟周期运动最好用环面来说明,它相当于一个自行车的内胎,运动在内胎表面上.它有两种频率的运动:一方面,运动要围绕内胎表面绕大圈转,这相当于地球绕太阳的公转,它有一个频率 ω_1(周期为 T_1);另一方面,运动要绕内胎自转,这相当于地球的自转,它有一个频率 ω_2(周期为 T_2),这两个频率之比为

$$\Omega = \frac{\omega_2}{\omega_1} = \frac{T_1}{T_2} = \frac{p}{q} \qquad (6)$$

称为旋转数.

若运动的轨道头尾相接,则运动是周期的;若运动的轨道头尾不能相接,且布满了整个环面,则运动是拟周期的,见图 3(拟周期运动)和图 4(旋转数 $\Omega = 3$ 的周期运动).

Farey 级数

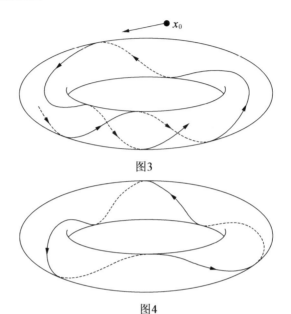

图3

图4

为了描述拟周期运动,我们垂直于大圈作一平面切割环面,这个平面称为庞加莱(Poincaré)截面,见图5,那么在环面上的运动就是在庞加莱截面上打上许多点. 例如 $\Omega = \frac{3}{2}$ 时,这就表示绕小圈转的时间是绕大圈转的时间的 $\frac{3}{2}$ 倍,见图 6(a) ($\Omega = \frac{3}{2}$). 同样,$\Omega = \frac{5}{3}$ 就表示绕小圈转的时间是绕大圈转的时间的 $\frac{5}{3}$ 倍,见图 6(b) ($\Omega = \frac{5}{3}$). 图 6(a) ($\Omega = \frac{3}{2}$) 和图 6(b) ($\Omega = \frac{5}{3}$) 中的运动是沿顺时针旋转的,其轨道从 0 点开始,轨道绕大圈一次,又回到庞加莱截面上,即又在庞加莱截面

第 5 章　周期性的输入与周期性的输出的关系

上打一个点. 图 6(a) ($\Omega = \dfrac{3}{2}$) 说明大圈旋转了 3 周, 小圈只转了 2 周, 而图 6(b) ($\Omega = \dfrac{5}{3}$) 说明大圈旋转了 5 周, 小圈只转了 3 周.

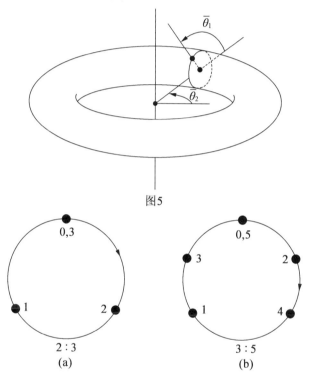

图 5

(a) 2:3

(b) 3:5

图 6　环面运动的庞加莱截面

如果 $\Omega = \dfrac{p}{q}$ 是无理数, 那么庞加莱截面上的点就绝对不会重复, 因而就布满了图 6 的小圆, 这就是拟周

Farey 级数

期运动.

像式(1)所示的周期驱动系统说明的那样,参数 A 很小时(驱动力小),系统处在定常状态;参数 A 稍大一点(驱动力大一点),定常状态就分岔成周期状态. 如轨道在两个槽间的周期振动,这时就出现了一个频率. 当驱动力再增加,就可能出现第二个频率. 此时两个频率构成的轨道很可能就在二维环面上. 当两个频率之比是无理数时,这就是拟周期运动;当驱动力再增加时,这种拟周期运动就变成了混沌.

§3 锁频和同步、圆映射

在一个系统中,当有两个或者多个振荡的频率发生非线性相互作用时,就很容易产生锁频现象. 前面我们已经看到,当控制参数在某个范围内,两个频率之比 $\Omega = \dfrac{\omega_2}{\omega_1} = \dfrac{p}{q}$ (p, q 为整数),我们就称这两个振荡是锁频. 当 $\Omega = \dfrac{p}{q} = 1$ 时就称为同步. 惠更斯(Huygens)发现,两只挂钟背靠背地挂在同一木板墙时,这两只钟会走到严格的同步. 月球绕地球公转(它的频率设为 ω_1),月球又有自转(它的频率设为 ω_2),我们知道严格地有 $\dfrac{\omega_1}{\omega_2} = 1$,所以我们在地球上仅仅只能看见月球的正面. 人体的生物钟和白天黑夜这个周期同步,但由

第5章　周期性的输入与周期性的输出的关系

东半球到了西半球会产生时差,过了若干日子才能调整过来,获得新的锁相.

从物理上讲,锁频的物理意义就是:在非线性系统中,当参数值(如强迫振荡的振幅A)变化到一定范围内,必然引起非线性振荡的振幅变化.前面我们已经知道,由于振荡的周期(频率)和振幅有关,所以必然引起振荡频率变化.若两个频率之比适合关系式(6)时,说明两种频率的非线性相互作用引起ω_2的p次谐波,并和ω_1的q次谐波发生共振.

这就是说,锁频发生在频率共振的相互作用战胜了频率本身的变化.例如,若ω_1是强迫振荡的频率,那么发生锁频在ω_1的某个范围之内.但是由于ω_1的低次谐波的振幅大于高次谐波的振幅,所以锁频通常发生在p和q比较小的数值上.例如$\dfrac{p}{q}=\dfrac{1}{2},\dfrac{2}{3}$,而不是$p$和$q$比较大的数值,如$\dfrac{p}{q}=\dfrac{17}{19}$,因为$p$和$q$比较小时会发生较强的相互作用.

如果我们仅仅考虑横截坏面的庞加莱截面,那么,旋转数差一个整数值的庞加莱截面是相同的.例如,旋转数$\Omega=1\dfrac{2}{3}$和$\Omega=\dfrac{2}{3}$,前者表示小圈转一圈加$\dfrac{2}{3}$,大圈才转一圈,这和后者表示小圈只转$\dfrac{2}{3}$,大圈转一圈,打出的点1(见图6(a)($\Omega=\dfrac{3}{2}$)),其效果是相同的.所以我们今后只考虑旋转数的分数部分,即Ω(模1).

Farey 级数

例如,2.3 的分数部分是 0.3,16.77 的分数部分是 0.77.

下面我们用简单的模式来研究锁频. 由于庞加莱截面上角度的变化是其一个圆上角度 θ 的变化,所以角度之间的映射写成

$$\theta_{n+1} \equiv f(\theta_n) \pmod{1} \qquad (7)$$

这个映射定义角度在圆上旋转一周是 1,因而 $\theta = 0.7$ 和 $\theta = 1.7$ 代表圆上同样的点,函数 $f(\theta)$ 是周期函数. 例如

$$\theta_{n+1} \equiv f(\theta_n)$$
$$= \theta_n + \Omega - \frac{K}{2\pi}\sin 2\pi\theta_n \pmod{1}, K > 0 \qquad (8)$$

就称为圆映射. 映射式(8)有两个控制参数,一个是频率比参数 Ω,另外一个是非线性强度参数 K.

我们定义旋转数

$$\omega = \lim_{n \to \infty} \frac{f^{(n)}(\theta_0) - \theta_0}{n} \qquad (9)$$

代表是否锁频的特征,其中分子代表 n 次迭代后的角距离.

我们先来分析式(8)的不动点,它满足方程

$$\theta = f(\theta) = \theta + \Omega - \frac{K}{2\pi}\sin 2\pi\theta$$

即

$$\frac{2\pi\Omega}{K} = \sin 2\pi\theta \qquad (10)$$

因此若

$$K \geqslant 2\pi\Omega \qquad (11)$$

第 5 章　周期性的输入与周期性的输出的关系

则映射式(8)至少有一个不动点. 同时由式(8)右端的导数

$$\frac{\partial f}{\partial \theta} = 1 - K\cos 2\pi\theta \qquad (12)$$

的模是否小于 1, 来判断该不动点的稳定性.

例如,$K=0.5$,$\Omega=0.04$,则很容易验证 $\theta=0.1$ 附近是一个稳定的不动点,$\theta=0.4$ 附近是一个不稳定的不动点. 那么按式(11),Ω 在

$$\theta < \Omega < \frac{K}{2\pi} \qquad (13)$$

范围内,n 次迭代后收敛到稳定不动点 $\theta=0.1$ 附近,因而 n 次迭代后的角距离为 0,即锁相频率比值是 $\frac{0}{1}$,即锁定在式(13)Ω 接近的有理数 0 上.

对于 Ω 值接近于 1 时,要得到 $\frac{1}{1}$ 的频率锁相,我们要注意测定角是以 mod 1 为要求,因此出现的不动点可以写成

$$\theta + 1 = \theta + \Omega - \frac{K}{2\pi}\sin 2\pi\theta$$

则出现不动点的条件为

$$\Omega \geqslant 1 - \frac{K}{2\pi} \qquad (14)$$

所以归纳起来,Ω 满足式(13)时出现 $\frac{0}{1}$ 的锁相,而满足式(14)时出现 $\frac{1}{1}$ 的锁相. 也就是说,非线性映射式(8)在 $K>0$ 时,ω 可以锁定在与 Ω(无理数代表拟周

Farey 级数

期)相近的有理数 $\frac{p}{q}$ 上.

问题是非线性耦合条件最喜欢的锁相频率是什么？答案是若参数 Ω 使得 ω 落在 $\frac{p}{q}$ 和 $\frac{p'}{q'}$ 之间，则锁相的频率为分子和分子相加，分母和分母相加，即

$$\frac{p}{q}+\frac{p'}{q'}\to\frac{p+p'}{q+q'} \qquad (15)$$

在参数平面 (Ω,K) 上，显示出锁相的区域，称为阿诺德舌头，见图 7. 这样的构造和数理上的法雷序列有关，所谓法雷序列就是 0 和 1 之间的分数序列，它的构造方法类似式(15)：

$$\frac{0}{1} \qquad \qquad \frac{1}{1}$$

$$\frac{1}{2}$$

$$\frac{1}{3} \qquad \frac{2}{3}$$

$$\frac{1}{4} \qquad \frac{2}{5} \qquad \frac{3}{5} \qquad \frac{3}{4}$$

$$\frac{1}{5} \quad \frac{2}{7} \quad \frac{3}{8} \quad \frac{3}{7} \quad \frac{4}{7} \quad \frac{5}{8} \quad \frac{5}{7} \quad \frac{4}{5}$$

因此，分母最大为 5 的法雷序列(5 称为法雷序列的序)为

$$\frac{0}{1},\frac{1}{5},\frac{1}{4},\frac{1}{3},\frac{2}{5},\frac{1}{2},\frac{3}{5},\frac{2}{3},\frac{3}{4},\frac{4}{5},\frac{1}{1} \qquad (16)$$

第 5 章　周期性的输入与周期性的输出的关系

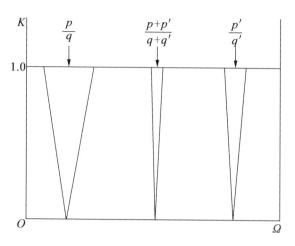

图 7　锁相频率区域(阿诺德舌头)

其中,每个分数是它相邻的两个分数按式(15)所定义的"和". 有趣的是如果我们从构造法雷序列的表中的右上角 $\dfrac{1}{1}$ 开始做锯齿形运行,即 $\dfrac{1}{1} \to \dfrac{1}{2} \to \dfrac{2}{3} \to \dfrac{3}{5} \to \dfrac{5}{8}$,我们注意到,这里法雷序列中的数的分子和分母就是斐波那契(Fibonacci)数. 若从左上角 $\dfrac{0}{1}$ 开始做锯齿形运行,即 $\dfrac{0}{1} \to \dfrac{1}{2} \to \dfrac{1}{3} \to \dfrac{2}{5} \to \dfrac{3}{8} \to \dfrac{5}{13} \to \dfrac{8}{21}, \cdots$,这也是隔一个数的斐波那契数之比.

常常一个系统的控制参数变化后,在 $K < 1$ 时,先是两个频率的拟周期性(旋转数为无理数),然后锁相演变成周期轨道(旋转数为有理数),最后在 $K > 1$ 时演变成混沌. 在圆映射式(8)中表现为 $K > 1$ 时,演变为不可逆的映射(即 θ_{n+1} 有多个 θ_n 对应).

Farey 级数

§4　拟周期和连分数

前面我们已经看到,当旋转数为无理数时,此时并不是频率锁相的周期运动,而是拟周期运动,我们将用有理数的序列来近似给定无理数的旋转数. 例如,无理数的黄金分割数

$$G = \frac{\sqrt{5}-1}{2} = 0.618\ 033\ 9\cdots \qquad (17)$$

它能写成如下的连分数形式

$$G = \cfrac{1}{1+\cfrac{1}{1+\cfrac{1}{1+\cfrac{1}{\ddots}}}} \qquad (18)$$

式(18)的省略号表示它连续这种形式直到无穷. 如果我们有 n 个分数线就停止,那么就是对 G 的 n 阶近似. 例如,前 n 阶近似为

$$G_1 = \frac{1}{1} = 1$$

$$G_2 = \cfrac{1}{1+\cfrac{1}{1}} = \frac{1}{2}$$

$$G_3 = \cfrac{1}{1+\cfrac{1}{1+\cfrac{1}{1}}} = \frac{2}{3}$$

第 5 章　周期性的输入与周期性的输出的关系

$$G_4 = \frac{3}{5}$$

$$G_5 = \frac{5}{8} \qquad (19)$$

当 $n \to \infty$ 时,那么 G_n 就趋向于无理数 G.

为了简单起见,连分数

$$\cfrac{1}{a_0 + \cfrac{1}{a_1 + \cfrac{1}{a_2 + \cdots}}} \qquad (20)$$

可以简写成 $[a_0, a_1, a_2, \cdots]$,对于 G,就可以简写成 $[1,1,1,\cdots]$.

从式(19)我们看出有如下关系

$$G_n = \frac{1}{1 + G_{n-1}} \qquad (21)$$

当 $n \to \infty$ 时,有

$$G = \frac{1}{1 + G} \qquad (22)$$

由式(22)产生 G 的二次方程

$$G^2 + G - 1 = 0 \qquad (23)$$

它的解就是式(17).

有意思的是,若已知 G_1 和 G_2,则式(19)中的 G_3, G_4, G_5 分别就是法雷序列的分子和分子相加,分母和分母相加的结果,如式(15),即

$$G_1 = \frac{1}{1}, G_2 = \frac{1}{2}, G_3 = \frac{1+1}{1+2} = \frac{2}{3}$$

$$G_4 = \frac{1+2}{2+3} = \frac{3}{5}, G_5 = \frac{2+3}{3+5} = \frac{5}{8} \qquad (24)$$

Farey 级数

更有意思的是，G_i 的分子和分母都是斐波那契数，即

$$G_i = \frac{F_i}{F_{i+1}} \qquad (25)$$

其中，F_i 是按照如下递推关系得到的斐波那契数

$$F_{n+1} = F_n + F_{n-1}, F_0 = 0, F_1 = 1 \qquad (26)$$

更使人着迷的是，若连分数表达式(20)中的 a 以某个周期 K 重复出现，即 $a_m = a_{m+K}$，那么这个周期的连续分数代表一个无理数，并且它是一个整数系数的二次方程的解. 例如，对黄金分割数 G，有 $a_2 = a_1 = 1$，即周期为 $K = 1$. 又如

$$x = \sqrt{2} - 1 = 0 + \cfrac{1}{2 + \cfrac{1}{2 + \cfrac{1}{2 + \cdots}}}$$

即

$$a_1 = a_2 = a_3 = \cdots = 2 \qquad (27)$$

它也是周期为 $K = 1$ 的周期连分数，它满足的二次方程为

$$x = \frac{1}{1 + x}$$

即

$$x^2 + x - 1 = 0 \qquad (28)$$

又如

$$x = \sqrt{3} - 1 = \cfrac{1}{1 + \cfrac{1}{2 + \cfrac{1}{1 + \cfrac{1}{2 + \cfrac{1}{\cdots}}}}}$$

即
$$a_1 = 2, a_2 = 1, a_3 = 1, a_4 = 2, \cdots \quad (29)$$

它是周期 $K=2$ 的连分数. 它满足的二次方程为

$$x = \cfrac{1}{1 + \cfrac{1}{2+x}} = \frac{x+2}{x+3}$$

即

$$x^2 + 2x - 2 = 0 \quad (30)$$

这就充分说明拟周期状态能够用一系列有理数来近似.

§5 高斯映射

前面我们已经看到,旋转数为有理数 $\dfrac{p}{q}$ 时,对应于周期锁相状态,用连分数表示它是有限的连分数,例如旋转数

$$\omega = \frac{9}{7} = 1 + \frac{2}{7} = 1 + \cfrac{1}{\cfrac{7}{2}}$$

$$= 1 + \cfrac{1}{3 + \cfrac{1}{2}} = 1 + \cfrac{1}{3 + \cfrac{1}{1 + \cfrac{1}{1}}} = [1, 3, 1]$$

而对于旋转数为无理数时,它对应于拟周期状态,用连分数表示,它是周期循环无限的连分数. 例如,黄金分

Farey 级数

割数表示为$[1,1,1,\cdots]$. 这种产生像黄金分割数或式(27)这种无理数的过程就包含产生自相似的混沌过程,所以必然和混沌相联系.

下面这种映射称为高斯(Gauss)映射或者双曲映射

$$x_{k+1}=f(x_k)=\begin{cases}0, x=0\\ \dfrac{1}{x}(\bmod 1), x\in(0,1)\end{cases} \quad (31)$$

其中$k=0,1,2,\cdots$. 此映射相当于每次取数$\dfrac{1}{x}$的分数部分,因此若取$x_0\in[0,1)$,那么

$$n_{k+1}=\dfrac{1}{x_k}-x_{k+1} \quad (32)$$

就是$\dfrac{1}{x_k}$的整数部分.

所以,若x_0的连分数展开

$$x_0=[n_1,n_2,n_3,\cdots,n_k]=\dfrac{1}{n_1+[n_2,n_3,\cdots,n_k]}$$
$$(33)$$

则高斯映射(31)相当于取$\dfrac{1}{x_0}$的分数部分,但n_1是$\dfrac{1}{x}$的整数部分. 剩下的$[n_2,n_3,\cdots,n_k]$就是其分数部分

$$f([n_1,n_2,n_3,\cdots,n_k])=[n_2,n_3,\cdots,n_k] \quad (34)$$

这相当于锯齿映射的移位运算.

因此若x_0是有理数,那么经过高斯映射就终止在高斯映射的不动点$x^*=0$;若x_0是无理数,那么经过高斯映射,一会儿就完全变成混沌. 例如

第5章 周期性的输入与周期性的输出的关系

$$x_0 = \frac{\sqrt{13}-3}{2} = [3,3,3,\cdots,n_k] = 0.302\,775\,6\cdots$$

理论上 x_0 应该用连续分数的无穷多个 3 表示,即 $x_0 = [\dot{3}]$,但是机器的精度总是有限的,因此上面的 x_0 只能表示成 $[3,3,3,3,3,3,3,3,3,1,4,1,2,10,4,11,90,1,\cdots]$,通过高斯映射迭代 8 次后,随机数据就移到前面来了,如果是 0.3,0.3,0.3,0.3,0.3,0.3,0.3,0.3,0.3,0.2,0.8,0.2,0.6,0.4,0.0,0.2,$\cdots$,则这完全是混沌.

§6 随 机 共 振

从前面式(2)所示的强迫非线性振荡系统我们已经看到,对周期性的输入、输出可以是各种谐波,甚至混沌.当强迫振荡的振幅 A 比较小时,运动可以在 $x = 1$ 或 $x = -1$ 附近振荡;当振幅 A 比较大时,运动可以在两个槽之间来回振荡,甚至出现无规则的振荡,这就是混沌.

但是若在式(2)中加入随机噪声 $\varepsilon(t)$ 后变成

$$\ddot{x} + \alpha\dot{x} - x + x^3 = A\cos\omega_1 t + \varepsilon(t) \quad (35)$$

从物理上考虑,当阻尼系数 α 比较大时,不可能有共振发生.只有当阻尼系数 α 比较小时,才有可能共振.同时,当槽和中间脊之间的势垒高度 B 大于噪声 $\varepsilon(t)$ 的涨落振幅 kT 时(k 是玻尔兹曼(Boltzmann)常数,T

是介质的绝对温度),那么振荡很可能在两个槽之中的一个振荡;当势垒高度 B 小于 kT 时,振荡则可能在两个槽之间振荡,并产生一个和强迫振荡频率 ω 相同的振荡,这就是随机共振.虽然此时强迫振荡的振幅 A 并不大.理论上在两个槽之间的振荡规律称为克拉麦斯(Kramers)速率

$$R_K = \frac{\omega_0 \omega_b}{2\pi\alpha} e^{-\frac{B}{kT}} \tag{36}$$

其中 $\omega_0 = \sqrt{1}$,$\omega_b = \sqrt{2}$ 分别是与势脊和势槽相对应的系统频率.

随机共振概念是研究气候变化的以 10 万年为周期而引出的.人们发现地球绕太阳转动的偏心率的变化也大约为 10 万年,这就相当于太阳绕地球的一个强迫周期信号,但这一周期信号振幅 A 很小,不足以产生如此大幅度的气候变化.因此只有将微弱强迫信号与随机力 $\varepsilon(t)$ 结合起来,随机力大大提高了小的周期强迫信号对非线性系统的调制能力,通过"随机共振"引起了大幅度的气候变化.

习　题

1. 请绘制环面上运动不同旋转数 Ω 的庞加莱截面:(1)$\Omega = \dfrac{3}{7}$;(2)$\Omega = \dfrac{7}{3}$;(3)$\Omega = \dfrac{3}{5}$;(4)$\Omega = \dfrac{8}{5}$;

(5) $\Omega = \dfrac{13}{5}$.

2. 若某个连续分数 x 表示为 $[n,n,n,\cdots] = [\dot{n}]$，其中 n 是正整数. 问该数是有理数还是无理数？x 满足什么样的二次方程？

3. 对高斯映射，若 x_0 取为黄金分割数，即 $x_0 = [1,1,1,\cdots] = [\dot{1}]$，说明它是高斯映射的不动点.

4. 分析式(5)的定常状态的类型.

5. 如何理解随机力 $\varepsilon(t)$ 大大提高了小的强迫信号振幅 A 的调制能力？

利用法雷数列证明一个积分不等式

第 6 章

§1 前 言

设 $m_1,\cdots,m_s$ 均为正整数,对任意 $n \geqslant 1$,定义多重组合系数 $a_n(n \geqslant 1)$ 为

$$a_n = \binom{(m_1+m_2+\cdots+m_s)n}{m_1n,m_2n,\cdots,m_sn}$$

$$= \frac{((m_1+m_2+\cdots+m_s)n)!}{(m_1n)! \cdot (m_2n)! \cdots (m_sn)!}$$

给定正整数 $k \geqslant 2$,S. Akiyama 在本章后参考文献[1]中证明了:存在正整数 $C(k)$,使得

$$\frac{\prod_{n=1}^{t} a_{kn}}{\prod_{n=1}^{t} a_n} \in \frac{1}{C(k)}\mathbf{Z}$$

第6章 利用法雷数列证明一个积分不等式

对所有正整数 t 成立的充要条件是 $\gcd(m_1,\cdots,m_s) = 1$.

对任意实数 x,用 $[x]$ 表示不超过 x 的最大的整数,称为 x 的整数部分;称 $\{x\} = x - [x]$ 为 x 的小数部分,显然 $0 \leqslant \{x\} < 1$. 为了得到上述结论,S. Akiyama 在本章后参考文献[1]中提到的一个关键引理,是下面一个有趣的积分不等式.

定理 1 设 m,n 为两个正整数,不妨设 $m \leqslant n$. 令
$$f(x) = \{mx\} + \{nx\} - \{(m+n)x\} \qquad (1)$$
则对任意正整数 k 及正实数 a,有
$$\int_0^a f(x)\,dx \leqslant \int_0^a f(kx)\,dx \qquad (2)$$

但本章后参考文献[1]中的证明较为冗长,杨亚敏利用法雷数列给出这个积分不等式的一个简单证明. 在 §2 中,对于给定的整数 m 和 n,我们定义了一个法雷序列,并由此得到函数 $f(x)$ 的另外一个表达式. 定理 1 将在 §3 中证明.

§2 函数 $f(x)$ 的显式表达

设 m,n 为两个正整数,总假设 $m \leqslant n$. 在区间 $[0,1]$ 上,考虑分别以 $m,n,m+n$ 为分母的有理数,我们来定义某种类型的法雷序列(参见本章后参考文献[2-5]). 令

Farey 级数

$$A = \left\{ \frac{k}{m+n} \mid k = 1, 2, \cdots, m+n-1 \right\}$$

$$B_1 = \left\{ \frac{i}{m} \mid i = 0, 1, \cdots, m \right\}$$

$$B_2 = \left\{ \frac{j}{n} \mid j = 1, 2, \cdots, n-1 \right\}$$

下面的引理显然成立.

引理 1 若 $im^{-1} \leqslant jn^{-1}$,则 $im^{-1} \leqslant (i+j) \cdot (m+n)^{-1} \leqslant jn^{-1}$,其中使等号成立当且仅当

$$im^{-1} = jn^{-1}$$

将 $B_1 \cup B_2$ 中的元素按照单调递增的顺序排列起来,记为

$$0 = b_0 < b_1 \leqslant b_2 \leqslant \cdots \leqslant b_{m+n-2} < b_{m+n-1} = 1 \quad (3)$$

其中,若式(3)中某个等号成立,则使等号成立的这个数同时出现在集合 B_1 和 B_2 中.

引理 2 序列(3)中任意相邻的两项之间必存在集合 A 中的点. 从而集合 A 中的元素可以插入序列(3)得到新序列

$$b_0 < a_1 < b_1 \leqslant a_2 \leqslant b_2 \leqslant \cdots \leqslant b_{m+n-2} < a_{m+n-1} < b_{m+n-1}$$

$$(4)$$

其中,$a_k \in A, b_k \in B_1$ 或 B_2.

证明 取相邻两项 b_{k-1} 与 b_k. 若 b_{k-1} 与 b_k 的分母分别为 m 与 n,不妨设 $b_{k-1} = im^{-1}, b_k = jn^{-1}$. 令 $a_k = (i+j)(m+n)^{-1}$,则 $a_k \in A$ 且 $b_{k-1} \leqslant a_k \leqslant b_k$.

若 b_{k-1} 与 b_k 有相同的分母,则它们的分母必为 n. 设 $b_{k-1} = (i-1)n^{-1}, b_k = in^{-1}$. 由于 $b_k - b_{k-1} = n^{-1} >$

第6章 利用法雷数列证明一个积分不等式

$(m+n)^{-1}$,故必然存在 $a_k \in A$,使得 $b_{k-1} < a_k < b_k$.

又因集合 A 中有 $m+n-1$ 个不同的元素,从而引理2得证.

下面给出两个例子来看看集合 A, B_1, B_2 中元素的大小排列.

例1 整数 m,n 互素时的例子. 取 $m=3, n=8$,则

$$A = \left\{\frac{1}{11}, \frac{2}{11}, \cdots, \frac{10}{11}\right\}$$

$$B_1 = \left\{\frac{0}{3}, \frac{1}{3}, \frac{2}{3}, \frac{3}{3}\right\}$$

$$B_2 = \left\{\frac{1}{8}, \frac{2}{8}, \cdots, \frac{7}{8}\right\}$$

序列(3)为

$$\frac{0}{3} < \frac{1}{8} < \frac{2}{8} < \frac{1}{3} < \frac{3}{8} < \frac{4}{8} < \frac{5}{8} < \frac{2}{3} < \frac{6}{8} < \frac{7}{8} < \frac{3}{3}$$

将 A 中的元素插入上面的序列,得到序列(4)为

$$\frac{0}{3} < \frac{1}{11} < \frac{1}{8} < \frac{2}{11} < \frac{2}{8} < \frac{3}{11} < \frac{1}{3} < \frac{4}{11} < \frac{3}{8} < \frac{5}{11}$$

$$< \frac{4}{8} < \frac{6}{11} < \frac{5}{8} < \frac{7}{11} < \frac{2}{3} < \frac{8}{11} < \frac{6}{8} < \frac{9}{11} < \frac{7}{8} < \frac{10}{11} < \frac{3}{3}$$

例2 整数 m,n 不互素时的例子. 取 $m=4, n=6$,则

$$A = \left\{\frac{1}{10}, \frac{2}{10}, \cdots, \frac{9}{10}\right\}$$

$$B_1 = \left\{\frac{0}{4}, \frac{1}{4}, \cdots, \frac{4}{4}\right\}$$

$$B_2 = \left\{\frac{1}{6}, \frac{2}{6}, \cdots, \frac{5}{6}\right\}$$

Farey 级数

序列(3)为
$$\frac{0}{4} < \frac{1}{6} < \frac{1}{4} < \frac{2}{6} < \frac{2}{4} = \frac{3}{6} < \frac{4}{6} < \frac{3}{4} < \frac{5}{6} < \frac{4}{4}$$

可以看到,集合 B_1 和 B_2 中有相等的元素 $\frac{2}{4} = \frac{3}{6}$. 将 A 中的元素插入到上面的序列,得到序列(4)为
$$\frac{0}{4} < \frac{1}{10} < \frac{1}{6} < \frac{2}{10} < \frac{1}{4} < \frac{3}{10} < \frac{2}{6} < \frac{4}{10} < \frac{2}{4} = \frac{5}{10}$$
$$= \frac{3}{6} < \frac{6}{10} < \frac{4}{6} < \frac{7}{10} < \frac{3}{4} < \frac{8}{10} < \frac{5}{6} < \frac{9}{10} < \frac{4}{4}$$

此时,集合 A 中的元素 $a_5 = \frac{5}{10}$.

由引理2,我们得到区间$[0,1)$的一个划分
$$[0,1) = \bigcup_{k=1}^{m+n-1}([b_{k-1}, a_k) \cup [a_k, b_k))$$

特别地,若 $b_{k-1} = b_k$,则 $a_k = b_{k-1} = b_k$,从而 $[b_{k-1}, a_k) = [a_k, b_k) = \varnothing$. 利用序列(4),我们可以得到函数 $f(x)$ 的一个显式表达.

引理3 设 $x \in [0,1)$,则 $f(x) = \chi_E(x)$,其中 $E = \bigcup_{k=1}^{m+n-1}[a_k, b_k)$.

证明 对任意 $1 \leq k \leq m+n-1$,往证
$$f(x) = \begin{cases} 0, & \text{若 } x \in [b_{k-1}, a_k) \\ 1, & \text{若 } x \in [a_k, b_k) \end{cases}$$

不妨设 $b_{k-1} \neq b_k$,依它们的分母是否相同,我们分两种情况讨论:

(1) 若 $b_{k-1} = im^{-1}, b_k = jn^{-1}$ ($b_{k-1} = jn^{-1}, b_k = im^{-1}$ 的情形类似),则

第6章 利用法雷数列证明一个积分不等式

$$a_k = \frac{i+j}{m+n}, k = i+j$$

当 $x \in [b_{k-1}, a_k)$ 时

$$\begin{aligned}f(x) &= \{mx\} + \{nx\} - \{(m+n)x\} \\ &= (mx - i) + (nx - (j-1)) - \\ & \quad ((m+n)x - (i+j-1)) = 0\end{aligned}$$

当 $x \in [a_k, b_k)$ 时

$$\begin{aligned}f(x) &= (mx - i) + (nx - (j-1)) - \\ & \quad ((m+n)x - (i+j)) = 1\end{aligned}$$

（2）若 $b_{k-1} = (i-1)n^{-1}, b_k = in^{-1}$. 设整数 s 满足

$$\frac{s-1}{m} < b_{k-1} < b_k < \frac{s}{m}$$

由引理 1 知

$$\frac{s-1}{m} < \frac{s+i-2}{m+n} < b_{k-1}, b_k < \frac{s+i}{m+n} < \frac{s}{m}$$

从而

$$a_k = \frac{s+i-1}{m+n}, k = s+i-1$$

当 $x \in [b_{k-1}, a_k)$ 时

$$\begin{aligned}f(x) &= \{mx\} + \{nx\} - \{(m+n)x\} \\ &= (mx - (s-1)) + (nx - (i-1)) - \\ & \quad ((m+n)x - (s+i-2)) = 0\end{aligned}$$

当 $x \in [a_k, b_k)$ 时

$$\begin{aligned}f(x) &= (mx - (s-1)) + (nx - (i-1)) - \\ & \quad ((m+n)x - (s+i-1)) = 1\end{aligned}$$

注 本章后参考文献[1]中,在 m, n 互素时,证明了同样的结论,但方法不同.

Farey 级数

§3 定理 1 的证明

性质 1 若不等式(2)对所有整数 $k \geq 2$ 和实数 $a \in [0,1)$ 成立,则定理 1 成立.

证明 定理 1 显然对 $k=1$ 成立,故只需证明定理 1 对假设 $k \geq 2$ 成立. 注意到函数 $f(x)$ 以 1 为周期. 从而

$$\int_0^a f(x)\,\mathrm{d}x = [a]\int_0^1 f(x)\,\mathrm{d}x + \int_0^{\{a\}} f(x)\,\mathrm{d}x$$

$$\begin{aligned}\int_0^a f(kx)\,\mathrm{d}x &= \int_0^{[a]} f(kx)\,\mathrm{d}x + \int_0^{\{a\}} f(kx)\,\mathrm{d}x\\ &= \frac{1}{k}\int_0^{k[a]} f(x)\,\mathrm{d}x + \int_0^{\{a\}} f(kx)\,\mathrm{d}x\\ &= [a]\int_0^1 f(x)\,\mathrm{d}x + \int_0^{\{a\}} f(kx)\,\mathrm{d}x\end{aligned}$$

从而定理 1 成立当且仅当

$$\int_0^{\{a\}} f(x)\,\mathrm{d}x \leq \int_0^{\{a\}} f(kx)\,\mathrm{d}x$$

下面我们来计算 $\int_0^a f(x)\,\mathrm{d}x = \int_0^a (\{mx\} + \{nx\} - \{(m+n)x\})\,\mathrm{d}x$. 我们的证明是基于下面的引理,而 Akiyama 在本章后参考文献[1]中是用另外的比较烦琐的方法证明的.

引理 4 对任意整数 $m \geq 1$,有

$$\int_0^a \{mx\}\,\mathrm{d}x = \frac{a}{2} - \frac{\{ma\} - \{ma\}^2}{2m}$$

第6章 利用法雷数列证明一个积分不等式

成立.

证明 由于 $a = m^{-1}[ma] + m^{-1}\{ma\}$,且函数 $\{mx\}$ 以 m^{-1} 为周期,我们有

$$\int_0^a \{mx\}dx = \int_0^{\frac{[ma]}{m}+\frac{\{ma\}}{m}} \{mx\}dx$$

$$= [ma]\int_0^{\frac{1}{m}} mxdx + \int_{\frac{[ma]}{m}}^{\frac{\{ma\}}{m}} mxdx$$

$$= \frac{[ma]}{2m} + \frac{\{ma\}^2}{2m} = \frac{a}{2} - \frac{\{ma\}-\{ma\}^2}{2m}$$

性质 2 定理 1 成立,若对任意 $k \geqslant 2$ 和 $a \in [0,1)$,有

$$\frac{\{ma\}-\{ma\}^2}{m} + \frac{\{na\}-\{na\}^2}{n} - \frac{\{(m+n)a\}-\{(m+n)a\}^2}{m+n}$$

$$\geqslant \frac{\{mka\}-\{mka\}^2}{mk} + \frac{\{nka\}-\{nka\}^2}{nk} - \frac{\{(m+n)ka\}-\{(m+n)ka\}^2}{(m+n)k} \tag{5}$$

证明 由引理 4 得

$$\int_0^a f(x)dx = \frac{a}{2} - \frac{1}{2}\left(\frac{\{ma\}-\{ma\}^2}{m} + \frac{\{na\}-\{na\}^2}{n} - \frac{\{(m+n)a\}-\{(m+n)a\}^2}{m+n}\right)$$

$$\int_0^a f(kx)dx = \frac{1}{k}\int_0^{ka} f(x)dx$$

$$= \frac{a}{2} - \frac{1}{2}\left(\frac{\{mka\}-\{mka\}^2}{mk} + \frac{\{nka\}-\{nka\}^2}{nk} - \frac{\{(m+n)ka\}-\{(m+n)ka\}^2}{(m+n)k}\right)$$

Farey 级数

比较两式,并由性质 1,得证.

定理 1 的证明 (1) 首先,我们证明当 $\{ma\}=0$ 或 $\{na\}=0$ 时,定理 1 成立. 不妨设 $\{ma\}=0$, 此时式 (5) 变为

$$\frac{\{na\}-\{na\}^2}{n}-\frac{\{na\}-\{na\}^2}{m+n}$$
$$\geqslant \frac{\{nka\}-\{nka\}^2}{nk}-\frac{\{nka\}-\{nka\}^2}{(m+n)k}$$

即

$$k(\{na\}-\{na\}^2) \geqslant \{nka\}-\{nka\}^2 \quad (6)$$

由于

$$\{nka\} = \{k[na]+k\{na\}\} = \{k\{na\}\}$$
$$= k\{na\}-[k\{na\}]$$

记 $\{na\}=t,[k\{na\}]=p$,则 $0 \leqslant t<1, p \in \mathbf{Z}$ 且 $\{nka\}=kt-p$. 故

$$k(\{na\}-\{na\}^2)-(\{nka\}-\{nka\}^2)$$
$$=(k^2-k)t^2-2kpt+p^2+p$$

由 $\{nka\} \geqslant 0$ 得 $kt-p \geqslant 0$, 从而 $k \geqslant p+1$, 则判别式

$$\Delta = (-2kp)^2-4(k^2-k)(p^2+p) = 4kp(p+1-k) \leqslant 0$$

故不等式 (6) 成立, 从而由性质 2 知, 定理 1 成立.

(2) 若 $\{ma\} \neq 0$ 且 $\{na\} \neq 0$, 则存在 $1 \leqslant i \leqslant m+n-1$, 使得 $a \in (b_{i-1}, a_i)$ 或 $a \in (a_i, b_i)$.

当 $a \in (b_{i-1}, a_i)$ 时, 由于当 $x \in (b_{i-1}, a)$ 时, $f(x)=0$, 利用情形 (1) 的结论可得

$$\int_0^a f(x)\,\mathrm{d}x = \int_0^{b_{i-1}} f(x)\,\mathrm{d}x \leqslant \int_0^{b_{i-1}} f(kx)\,\mathrm{d}x \leqslant \int_0^a f(kx)\,\mathrm{d}x$$

当 $a \in (a_i, b_i)$ 时, 由于在 $[a, b_i]$ 上 $f(x)=1$, 我们有

第 6 章　利用法雷数列证明一个积分不等式

$$\int_a^{b_i} f(kx)\,dx \leq b_i - a = \int_a^{b_i} f(x)\,dx$$

故

$$\begin{aligned}\int_0^a f(x)\,dx &= \int_0^{b_i} f(x)\,dx - \int_a^{b_i} f(x)\,dx \\ &\leq \int_0^{b_i} f(kx)\,dx - \int_a^{b_i} f(kx)\,dx \\ &= \int_0^a f(kx)\,dx\end{aligned}$$

参 考 文 献

[1] AKIYAMA S. Mean divisibility of multinomial coefficients[J]. Journal of Number Theory, 2012, 136(3): 438-459.

[2] HALL R R. A note on Farey series[J]. J. London Math. Soc., 1970, 2(2): 139-148.

[3] HARDY G H, WRIGHT E M. An introduction to the theory of numbers [M]. New York: Oxford University Press, 2008.

[4] HUXLEY M N. The distribution of Farey points. I [J]. Acta Arith., 1971, 18: 281-287.

[5] RADEMACHER H. Lectures on elementary number theory[M]. New York: Blaisdell Pub. Co., 1964.

哈代论:法雷数列的定义和最简单的性质

第 7 章

本章主要关注像 $\frac{1}{2}$ 和 $\frac{7}{11}$ 这样的"正有理数"或者"普通分数"的某些性质. 这样的一个分数可以看成两个正整数之间的一个关系,因而我们证明的定理也体现了正整数的性质.

n 阶法雷数列 $\mathfrak{F}_n$ 是介于 0 和 1 之间且分母不超过 n 的递增的不可约分数序列. 如果

$$0 \leq h \leq k \leq n, (h, k) = 1 \qquad (1)$$

那么 $\frac{h}{k}$ 就属于 $\mathfrak{F}_n$. 数 0 和 1 包含在形式 $\frac{0}{1}$ 和 $\frac{1}{1}$ 之中. 例如 $\mathfrak{F}_5$ 是

第7章 哈代论:法雷数列的定义和最简单的性质

$$\frac{0}{1}, \frac{1}{5}, \frac{1}{4}, \frac{1}{3}, \frac{2}{5}, \frac{1}{2}, \frac{3}{5}, \frac{2}{3}, \frac{3}{4}, \frac{4}{5}, \frac{1}{1}$$

法雷数列的特征性质可由下面几个定理表示出来.

定理 1 如果 $\frac{h}{k}$ 和 $\frac{h'}{k'}$ 是 $\mathfrak{F}_n$ 中两个相连的项,那么

$$kh' - hk' = 1 \qquad (2)$$

定理 2 如果 $\frac{h}{k}, \frac{h''}{k''}$ 和 $\frac{h'}{k'}$ 是 $\mathfrak{F}_n$ 中 3 个相连的项,那么

$$\frac{h''}{k''} = \frac{h+h'}{k+k'} \qquad (3)$$

§1 将证明这两个定理是等价的,然后 §2、§3 和 §6 将分别给出这两个定理的 3 个不同的证明.下面我们将证明 $\mathfrak{F}_n$ 的两个较简单的性质.

定理 3 如果 $\frac{h}{k}$ 和 $\frac{h'}{k'}$ 是 $\mathfrak{F}_n$ 中两个相连的项,那么

$$k + k' > n \qquad (4)$$

$\frac{h}{k}$ 和 $\frac{h'}{k'}$ 的"中位数"

$$\frac{h+h'}{k+k'}^{①}$$

落在区间

$$\left(\frac{h}{k}, \frac{h'}{k'}\right)$$

中. 因此,除非式(4)为真,否则在 $\mathfrak{F}_n$ 中就会有另外一项位于 $\frac{h}{k}$ 和 $\frac{h'}{k'}$ 之间.

---

① 或这个分数的既约分数.

Farey 级数

定理 4 如果 $n>1$，则 $\mathfrak{F}_n$ 中不存在两个相连的项能有相同的分母.

如果 $k>1$ 且 $\dfrac{h'}{k}$ 紧跟在 $\dfrac{h}{k}$ 的后面，则有 $h+1 \leqslant h' < k$，于是就有

$$\frac{h}{k} < \frac{h}{k-1} < \frac{h+1}{k} \leqslant \frac{h'}{k}$$

从而 $\dfrac{h}{k-1}$①在 $\mathfrak{F}_n$ 中就位于 $\dfrac{h}{k}$ 和 $\dfrac{h'}{k}$ 之间，这是一对矛盾.

§1 两个特征性质的等价性

现在来证明定理 1 和定理 2 中的每一个都蕴含另一个.

(1) 定理 1 蕴含定理 2.

如果假设定理 1 成立，对 h'' 和 k'' 来解方程

$$kh'' - hk'' = 1, k''h' - h''k' = 1 \tag{5}$$

则得到

$$h''(kh' - hk') = h + h', k''(kh' - hk') = k + k'$$

这就得到式(3).

(2) 定理 2 蕴含定理 1.

假设定理 2 成立，并假设定理 1 对 $\mathfrak{F}_{n-1}$ 成立，要

---

① 或这个分数的既约分数.

第 7 章 哈代论:法雷数列的定义和最简单的性质

推出定理 1 对 $\mathfrak{F}_n$ 也成立. 显然只要证明:当 $\dfrac{h''}{k''}$ 属于 $\mathfrak{F}_n$ 但不属于 $\mathfrak{F}_{n-1}$(即有 $k''=n$)时,式(5)成立. 此时,根据定理 4 可知,k 和 k' 两者都小于 k'',于是 $\dfrac{h}{k}$ 和 $\dfrac{h'}{k'}$ 是 $\mathfrak{F}_{n-1}$ 中相连的两项.

由于根据假设有式(3)为真,且 $\dfrac{h''}{k''}$ 是不可约的,于是就有
$$h + h' = \lambda h'', k + k' = \lambda k''$$
其中 λ 是一个整数. 既然 k 和 k' 两者都小于 k'',λ 必定等于 1. 从而
$$h'' = h + h', k'' = k + k'$$
$$kh'' - hk'' = kh' - hk' = 1$$
类似地,有
$$k''h' - h''k' = 1$$

§2 定理 1 和定理 2 的第一个证明

我们的第一个证明是§1 中所用的思想的一个自然展开.

这两个定理对 $n=1$ 均为真. 假设它们对 $\mathfrak{F}_{n-1}$ 成立,要证它们对 $\mathfrak{F}_n$ 也成立.

设 $\dfrac{h}{k}$ 和 $\dfrac{h'}{k'}$ 是 $\mathfrak{F}_{n-1}$ 中两个相连的项,但它们在 $\mathfrak{F}_n$

Farey 级数

中被 $\dfrac{h''}{k''}$ 隔开.① 令

$$kh'' - hk'' = r > 0, k''h' - h''k' = s > 0 \quad (6)$$

对 h'' 和 k'' 解这两个方程,记住有

$$kh' - hk' = 1$$

于是得到

$$h'' = sh + rh', k'' = sk + rk' \quad (7)$$

这里有 $(r,s)=1$,这是因为 $(h'',k'')=1$.

现考虑所有分数

$$\dfrac{H}{K} = \dfrac{\mu h + \lambda h'}{\mu k + \lambda k'} \quad (8)$$

的集合 S,其中 λ 和 μ 都是正整数,且 $(\lambda,\mu)=1$. 于是 $\dfrac{h''}{k''}$ 属于 S. S 的每个分数都在 $\dfrac{h}{k}$ 与 $\dfrac{h'}{k'}$ 之间,且都是既约分数,这是因为 H 和 K 的任何公约数都能整除

$$k(\mu h + \lambda h') - h(\mu k + \lambda k') = \lambda$$

和

$$h'(\mu k + \lambda k') - k'(\mu h + \lambda h') = \mu$$

从而 S 的每个分数或迟或早都会出现在某个 $\mathfrak{F}_q$ 中,且显然首次出现的那个分数即是使得 K 取最小值者,也即是使 $\lambda=1, \mu=1$ 者. 这个分数必为 $\dfrac{h''}{k''}$,所以

$$h'' = h + h', k'' = k + k' \quad (9)$$

如果用这些值来代替式(6)中的 h'' 和 k'',则可得

---

① 根据定理 4,$\dfrac{h''}{k''}$ 是 $\mathfrak{F}_n$ 中位于 $\dfrac{h}{k}$ 和 $\dfrac{h'}{k'}$ 之间仅有的一项,但证明中并没有假设这一点.

$r=s=1$. 这就对 $\mathfrak{F}_n$ 证明了定理 1. 对于 $\mathfrak{F}_n$ 的 3 个连续的分数来说,式(9)一般并不为真,然而(如前面已经指出的)当中间那个分数在 $\mathfrak{F}_n$ 中第一次出现时,这些方程是成立的.

§3 定理 1 和定理 2 的第二个证明

这个证明不是归纳证明,它给出 $\mathfrak{F}_n$ 中紧跟在 $\dfrac{h}{k}$ 之后的那一项的构造法则. 由于 $(h,k)=1$,故方程
$$kx - hy = 1 \qquad (10)$$
有整数解. 如果 x_0, y_0 是一组解,那么对于任何正的或者负的整数 r
$$x_0 + rh, y_0 + rk$$
仍然是该方程的解. 可以选择 r 的值,使得 $n-k < y_0 + rk \leqslant n$. 这样一来,式(10)就有一组解 (x,y) 使得
$$(x,y)=1, 0 \leqslant n-k < y \leqslant n \qquad (11)$$
由于 $\dfrac{x}{y}$ 已经约分,且 $y \leqslant n$,故 $\dfrac{x}{y}$ 是 $\mathfrak{F}_n$ 中的一个分数. 同样有
$$\frac{x}{y} = \frac{h}{k} + \frac{1}{ky} > \frac{h}{k}$$
于是在 $\mathfrak{F}_n$ 中 $\dfrac{x}{y}$ 位于 $\dfrac{h}{k}$ 的后面. 如果它不是 $\dfrac{h'}{k'}$,那么它就位于 $\dfrac{h'}{k'}$ 的后面,且

Farey 级数

$$\frac{x}{y} - \frac{h'}{k'} = \frac{k'x - h'y}{k'y} \geqslant \frac{1}{k'y}$$

然而

$$\frac{h'}{k'} - \frac{h}{k} = \frac{kh' - hk'}{kk'} \geqslant \frac{1}{kk'}$$

从而根据式(11)就有

$$\frac{1}{ky} = \frac{kx - hy}{ky} = \frac{x}{y} - \frac{h}{k} \geqslant \frac{1}{k'y} + \frac{1}{kk'} = \frac{k + y}{kk'y} > \frac{n}{kk'y} \geqslant \frac{1}{ky}$$

这是一对矛盾. 于是 $\frac{x}{y}$ 必定等于 $\frac{h'}{k'}$，且有 $kh' - hk' = 1$.

比如说，要在 $\mathcal{F}_{13}$ 中求 $\frac{4}{9}$ 的后继分数，我们先要求 $9x - 4y = 1$ 的某一组解 (x_0, y_0)，例如解 $x_0 = 1, y_0 = 2$. 然后来选择 r，使得 $2 + 9r$ 在 $13 - 9 = 4$ 和 13 之间. 这给出 $r = 1, x = 1 + 4r = 5, y = 2 + 9r = 11$，于是所求的分数就是 $\frac{5}{11}$.

§4 整 数 格

第三个也是最后一个证明有赖于一个简要的几何思想.

假设在平面上给定了原点 O 以及两个与 O 不共线的点 P, Q. 作出 $\square OPRQ$，让它的边不确定，画出两组等距的平行线，其中 OP, QR 以及 OQ, PR 是这两组平行线中相邻的两条平行线，这样它们就把平面分成

第7章 哈代论:法雷数列的定义和最简单的性质

无穷多个相等的平行四边形. 这样一个图形就称为一个格. 德语称为 Gitter.

一个格是由线作成的一个图形,它定义了一个由点构成的图形,也就是说,由线的交点系(或称为格点)构成的图形,我们称这样的一个系统为一个点格.

两个不同的格有可能确定同样的点格. 例如在图 1 中,基于 OP,OQ 的格和基于 OP,OR 的格所确定的是同一个格点系. 决定同样点格的两个格称为等价的.

显然,一个格的任何格点都可以看成是原点 O,而且格的性质与原点的选取无关,且格是关于任意的原点为对称的.

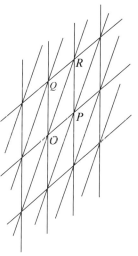

图 1

这里有一种类型的格特别重要,这就是(当给定直角坐标系时)由平行于坐标轴且相距单位距离的平行线作成的格,这些平行线把平面划分成单位正方形. 我们把这样的格称为基本格 L,它所确定的点格(也就是由整数坐标的点 (x,y) 作成的系统)称为基本点格 Λ.

任何点格都可以看作是一个由数或者向量组成的系统,其中格点的复数坐标为 $x+\mathrm{i}y$,而向量是从原点出发到格点的向量. 如果 P 和 Q 是点 (x_1,y_1) 和 (x_2,y_2),则基于 OP 和 OQ 的格中的任何一点 S 的坐

83

Farey 级数

标是

$$x = mx_1 + nx_2, y = my_1 + ny_2$$

其中 m 和 n 是整数. 换言之, 如果 z_1 和 z_2 是 P 和 Q 的复坐标, 那么 S 的复坐标就是

$$z = mz_1 + nz_2$$

§5 基本格的某些简单性质

(1) 现在来考虑由

$$x' = ax + by, y' = cx + dy \qquad (12)$$

定义的变换, 其中 a, b, c, d 是给定的正的或者负的整数. 显然, Λ 的每个点 (x, y) 都会变成 Λ 的另一个点 (x', y').

对 x 和 y 求解式 (12), 得到

$$x = \frac{dx' - by'}{ad - bc}, y = -\frac{cx' - ay'}{ad - bc} \qquad (13)$$

如果

$$\Delta = ad - bc = \pm 1 \qquad (14)$$

那么 x' 和 y' 的任何一组整数值都给出 x 和 y 的一组整数值, 且每个格点 (x', y') 对应于一个格点 (x, y). 此时, Λ 被变换成它本身.

反过来, 如果 Λ 被变换成它本身, 每一个整数点 (x', y') 必定给出一个整数点 (x, y). 特别地, 取 (x', y') 为 $(1, 0)$ 和 $(0, 1)$, 可以看出

第 7 章 哈代论:法雷数列的定义和最简单的性质

$$\Delta \mid d, \Delta \mid b, \Delta \mid c, \Delta \mid a$$

于是

$$\Delta^2 \mid (ad - bc), \Delta^2 \mid \Delta$$

从而有 $\Delta = \pm 1$.

这就证明了:

定理 5 变换(12)把 Λ 变成它本身的充分必要条件是 $\Delta = \pm 1$.

称这样一个变换为幺模变换.

(2)现假设 P 和 Q 是 Λ 的格点 (a,c) 和 (b,d). 由 OP 和 OQ 所定义的平行四边形的面积是

$$\delta = \pm (ad - bc) = |ad - bc|$$

其中符号的选取是使 δ 取正数. 基于 OP 和 OQ 的格 Λ' 中的点 (x',y') 由

$$x' = xa + yb, y' = xc + yd$$

给出,其中 x 和 y 是任意整数. 根据定理 5 知,Λ' 与 Λ 完全相同的充分必要条件是 $\delta = 1$.

定理 6 基于 OP 和 OQ 的格 L' 等价于格 L 的充分必要条件是由 OP 和 OQ 所定义的平行四边形的面积为 1.

(3)称格 Λ 的一个点 P 是可视的(即从原点看去为可视的),如果在 OP 上没有 Λ 中的介于 O 和 P 之间的点存在. 为使得点 (x,y) 是可视的,其充分必要条件是 $\dfrac{x}{y}$ 不可约,即 $(x,y) = 1$.

定理 7 设 P 和 Q 是 Λ 中的可视点,且 δ 是由 OP 和 OQ 所定义的平行四边形 J 的面积,则有:

Farey 级数

1) 如果 $\delta = 1$, 那么在 J 的内部没有 Λ 的点;

2) 如果 $\delta > 1$, 那么 Λ 至少有一个点在 J 的内部, 且除非该点是 J 的对角线的交点, 否则 Λ 至少有两个点在 J 的内部, 且每个点都在 J 被 PQ 所分成的两个三角形的一个之中.

当且仅当基于 OP 和 OQ 的格 L' 与格 L 等价时, 也就是当且仅当 $\delta = 1$ 时, 在 J 的内部没有 Λ 中的点. 如果 $\delta > 1$, 就至少有一个这样的点 S. 如果 R 是平行四边形 J 的第四个顶点, 且 RT 与 OS 平行且相等, 但其方向相反, 那么(由于格的性质是对称的, 且与选取哪个特定的点作为原点无关) T 也是 Λ 中的一个点, 这样在 J 中就至少有 Λ 中的两个点, 除非 T 与 S 重合. 这就是情形 2) 中的特例.

不同的情形由图 2 中(a)(b)(c)给出.

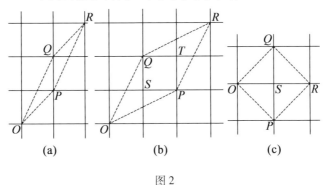

图 2

第 7 章 哈代论:法雷数列的定义和最简单的性质

§6 定理 1 和定理 2 的第三个证明

满足条件
$$0 \leqslant h \leqslant k \leqslant n, (h,k) = 1$$
的分数 $\frac{h}{k}$ 都是 $\mathfrak{F}_n$ 中的分数,且对应 Λ 中的可视点 (k, h),该点在由直线 $y=0, y=x, x=n$ 所定义的三角形的内部或边界上.

如果画出一条经过 O 的射线,并将它绕原点从起始位置 x 轴开始沿逆时针方向旋转,它就依次经过法雷分数所代表的每个点 (k,h). 如果 P 和 P' 是代表相连分数的两个点 (k,h) 和 (k',h'),那么在 $\triangle OPP'$ 的内部以及在连线 PP' 上就没有所表示的点存在,于是由定理 7 就有
$$kh' - hk' = 1$$

§7 连续统的法雷分割

在一个圆上表示实数而不是像通常那样在一条直线上表示实数,往往更加方便,圆周所表示的实数去掉了整数部分. 取一个由单位圆周作成的圆 C,取圆周上

Farey 级数

任意一个点 O 表示数 0,用点 P_x 来表示 x,该点在圆周上沿逆时针方向度量的离点 O 的距离就是 x. 显然所有的整数都由同一个点 O 来表示,且相差一个整数的数有同样的表示点.

有时把 C 的圆周按照下述方式加以划分是有用的. 取法雷数列 $\mathfrak{F}_n$, 对相连的分数对 $\dfrac{h}{k}$ 和 $\dfrac{h'}{k'}$ 作出所有的中位数

$$\mu = \frac{h+h'}{k+k'}$$

其中第一个以及最后一个中位数是

$$\frac{0+1}{1+n} = \frac{1}{n+1}, \frac{n-1+1}{n+1} = \frac{n}{n+1}$$

当然,这些中位数本身并不属于 $\mathfrak{F}_n$.

现在用点 P_μ 来表示每一个中位数 μ. 圆就被分成了若干弧段(称为法雷弧),每一段弧都介于两个点 P_μ 之间,且包含一个法雷点,此即 $\mathfrak{F}_n$ 中一项的表示. 于是

$$\left(\frac{n}{n+1}, \frac{1}{n+1}\right)$$

就是包含一个法雷点 O 的一段法雷弧. 把法雷弧的集合称为圆的一个法雷分割.

下面假设 $n > 1$. 如果 $P_{\frac{h}{k}}$ 是一个法雷点,且 $\dfrac{h_1}{k_1}, \dfrac{h_2}{k_2}$ 是 $\mathfrak{F}_n$ 中的紧接在 $\dfrac{h}{k}$ 的前面以及紧接在它后面的项,那么环绕 $P_{\frac{h}{k}}$ 的法雷弧由两部分组成,这两部分的长度分别为

第7章 哈代论:法雷数列的定义和最简单的性质

$$\frac{h}{k} - \frac{h+h_1}{k+k_1} = \frac{1}{k(k+k_1)}, \frac{h+h_2}{k+k_2} - \frac{h}{k} = \frac{1}{k(k+k_2)}$$

由于 k 和 k_1 不相等(定理4)且二者都不超过 n,故有 $k+k_1 < 2n$. 又由定理3有 $k+k_1 > n$. 于是得到:

定理8 在 $n(n>1)$ 阶法雷分割中,包含 $\frac{h}{k}$ 的表示点的弧的每一部分长度都介于 $\frac{1}{k(2n-1)}$ 和 $\frac{1}{k(n+1)}$ 之间.

事实上,这种分割有某种"一致性",这种性质显示出它的重要性.

定理9 如果 ξ 是任意一个实数,n 是一个正整数,那么必存在一个不可约分数 $\frac{h}{k}$ 使得

$$\left|\xi - \frac{h}{k}\right| \leq \frac{1}{k(n+1)}, 0 < k \leq n \qquad (15)$$

可以假设 $0 < \xi < 1$,则 ξ 落在 $\mathfrak{F}_n$ 中两个相连的分数中,比如说就是 $\frac{h}{k}$ 和 $\frac{h'}{k'}$ 所界限的区间之中,从而它也就落在区间

$$\left(\frac{h}{k}, \frac{h+h'}{k+k'}\right), \left(\frac{h+h'}{k+k'}, \frac{h'}{k'}\right)$$

中的某一个里. 这样一来,根据定理8知,要么是 $\frac{h}{k}$,要么是 $\frac{h'}{k'}$ 满足定理中的条件:如果 ξ 落在第一个区间中,则有 $\frac{h}{k}$ 满足条件;如果 ξ 落在第二个区间中,则有 $\frac{h'}{k'}$ 满足条件.

Farey 级数

§8　闵科夫斯基定理

如果 P 和 Q 是 Λ 中的点, P' 和 Q' 是 P 和 Q 关于原点对称的点, 除了定理 7 中所给的平行四边形 J 外, 我们再给出基于 OQ, OP', 基于 OP', OQ', 以及基于 OQ', OP 的三个平行四边形, 我们得到一个平行四边形 K, 其中心是原点, 其面积 4δ 是平行四边形 J 的面积的四倍. 如果 δ 的值为 1 (这是它最小可能的值), 那么在 K 的边界上就有 Λ 中的点, 但在其内部除了 O 以外, 没有 Λ 中的点; 如果 $\delta > 1$, 那么在 K 的内部除了 O 以外还有 Λ 中的点. 这是闵科夫斯基(Minkowski)的一个著名定理的一个非常特别的情况, 闵科夫斯基定理断言: 不仅关于原点对称的任何平行四边形(无论它们是否由 Λ 中的点所生成) 具有同样的性质, 而且关于原点对称的任何"凸区域"也有同样的性质成立.

一个开区域 R 是具有下述性质的点的集合: (1) 如果 P 属于 R, 那么平面上充分接近 P 的所有的点也都属于 R; (2) R 中任何两点都可以用一条完全位于 R 内部的连续曲线联结起来. 我们还可以将情形 (1) 表示成 "R 中的任何点都是 R 的内点". 于是一个圆或者一个平行四边形的内部都是开区域. R 的边界 C 是由本身并不属于 R 的、R 的极限点组成的集合. 从而一个圆的边界就是它的圆周. 一个闭区域 R^* 是一

第7章 哈代论:法雷数列的定义和最简单的性质

个开区域 R 加上它的边界所得的集合. 我们仅考虑有界区域.

凸区域有两个自然的定义,可以证明它们是等价的. 第一个定义可以说成: R(或者 R^*)是凸的,如果 R 中任何一条弦上的每一点(即联结 R 的任何两点的线段上的每一点)都属于 R. 第二个定义可以说成: R(或者 R^*)是凸的,如果经过 C 的每一点 P 都可以画出至少一条直线 l,使得 R 中所有的点都在 l 的某一侧. 于是,圆和平行四边形都是凸的. 对于圆来讲, l 就是在点 P 的切线;而对于平行四边形来讲,每条直线 l 都是它的一条边(除了在顶点处以外),而在顶点处,它有无穷多条符合要求的直线.

容易证明这两个条件的等价性. 首先,假设根据第二个定义, R 是凸的,又设 P 和 Q 属于 R,而 PQ 上有一点 S 不属于 R,那么 C 上就有一点 T(也可能就是 S 本身)在 PS 上,且有一条经过 T 的直线 l 使得 R 整个位于 l 的一侧. 但因为所有充分靠近 P 或者 Q 的点都属于 R,这是一对矛盾.

其次,假设根据第一个定义 R 是凸的, P 是 C 的一个点. 考虑将 P 和 R 的点联结作出的直线的集合 L. 如果 Y_1 和 Y_2 是 R 中的点, Y 是 Y_1Y_2 上的一个点,那么 Y 就是 R 的一个点且 PY 是 L 中的一条线. 于是就有一个角度 $\angle APB$,它使得从 P 出发的每一条限于 $\angle APB$ 内部的直线均属于 L,且没有一条从 P 出发但在 $\angle APB$ 外部的直线是属于 L 的. 如果 $\angle APB > \pi$,则存在 R 的点 D, E,使得 DE 通过 P,此时点 P 属于 R,

但不属于 C,这是一对矛盾.从而有 $\angle APB \leqslant \pi$.如果 $\angle APB = \pi$,则 AB 就是一条直线 l;如果 $\angle APB < \pi$,则任何一条位于这个角的外边且经过点 P 的直线都是直线 l.

显然,凸性是关于平移以及关于点 O 的伸缩变换的不变量.

凸区域 R 有面积存在(例如,它的面积可以定义为顶点在 R 内部的小正方形网格总面积的上界).

定理 10(闵科夫斯基定理) 任何关于点 O 对称且面积大于 4 的凸区域,其内部都至少含有 Λ 中异于 O 的一个点.

§9 闵科夫斯基定理的证明

先来证明一个简单的定理,这个定理的真实性是"直观的".

定理 11 设 R_O 是包含点 O 的一个开区域,R_P 是与之全等且关于 Λ 中任一点 P 位置类似的一个区域,且诸区域 R_P 中没有两个是重叠的,那么 R_O 的面积不超过 1.

如果考虑的 R_O 是以直线 $x = \pm\dfrac{1}{2}, y = \pm\dfrac{1}{2}$ 为界限的正方形,定理就变成"显然的",此时 R_O 的面积就等于 1,而区域 R_P 加上它们的边界将会覆盖整个平面.下面给出该定理的确切证明:

第7章 哈代论:法雷数列的定义和最简单的性质

假设 Δ 是 R_O 的面积,A 是 C_O① 的点离点 O 的最大距离. 考虑与 Λ 的坐标在数值上都不大于 n 的点所对应的 $(2n+1)^2$ 个区域 R_P,所有这些区域都位于一个正方形的内部,这个正方形的边与坐标轴平行且到点 O 的距离为 $n+A$. 从而(由于诸区域不相重叠)

$$(2n+1)^2 \Delta \leq (2n+2A)^2, \Delta \leq \left(1 + \dfrac{A-\dfrac{1}{2}}{n+\dfrac{1}{2}}\right)^2$$

令 n 趋向无穷就得到所要的结果.

值得注意的是,在定理11中并没有用到对称性或者凸性.

现在容易证明闵科夫斯基定理了. 闵科夫斯基本人给出过两个证明,这两个证明基于凸性的两个定义.

(1)取第一个定义,并假设 R_O 是将 R 关于点 O 收缩到它的线性维数的一半所得到的结果,那么 R_O 的面积大于1,于是定理11中的诸区域 R_P 中有两个是重叠的,从而有一个格点 P 存在,使得 R_O 与 R_P 重叠. 设 Q 是 R_O 和 R_P 的一个公共点(图3(a)). 如果 OQ' 与 PQ 相等且平行,Q'' 是 Q' 关于 O 的映象,于是 Q',Q'' 都在 R_O 中. 这样一来,根据凸性的定义,QQ'' 的中点在 R_O 中. 但这一点是 OP 的中点,于是 P 在 R 中.

(2)取第二个定义,假设除了点 O 以外没有格点在 R 中. 环绕 O 扩大 R^*(与 R'^* 一样),直到它首次包含一个格点 P 为止. 那么 P 是 C' 的一个点,且有经过

---

① 我们经常用 C 来表示与 R 对应的边界.

点 P 的一条线 l，比如说就是 l'（图 3(b)）．如果 R_O 是由 R' 环绕点 O 将其线性维数收缩到原来的一半所得到的结果，又因 l_O 经过 OP 的中点且与 l 平行，于是 l_O 对 R_O 来说就是一条直线 l．它显然也是对 R_P 来说的一条直线 l，且使得 R_O 和 R_P 各在它相反的两侧，从而 R_O 和 R_P 不会互相重叠，进而 R_O 也不和任何其他的 R_P 重叠．但由于 R_O 的面积大于 1，这与定理 11 矛盾．

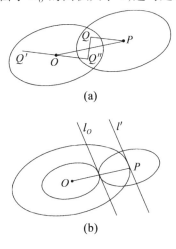

图 3

还有若干个可供选择且有意思的证明，其中最简单的一个证明由莫德尔（Mordell）给出．

如果 R 是凸的且关于点 O 对称，且 P_1 和 P_2 是 R 中坐标为 (x_1, y_1) 和 (x_2, y_2) 的点，那么 P_2 关于点 O 的对称点的坐标为 $(-x_2, -y_2)$，从而坐标为 $(\frac{1}{2}(x_1 - x_2), \frac{1}{2}(y_1 - y_2))$ 的点 M 也是 R 的点．

第 7 章　哈代论：法雷数列的定义和最简单的性质

直线 $x = \dfrac{2p}{t}, y = \dfrac{2q}{t}$（其中 t 是一个固定的正整数，而 p 和 q 是任意的整数）把平面分成面积为 $\dfrac{4}{t^2}$ 的正方形，它的角点是 $(\dfrac{2p}{t}, \dfrac{2q}{t})$. 如果 $N(t)$ 是 R 中角点的个数，而 A 是 R 的面积，那么显然当 $t \to \infty$ 时，有 $4t^{-2}N(t) \to A$. 如果 $A > 4$，则对大的 t 有 $N(t) > t^2$. 但是当 p 和 q 被 t 除的时候，数对 (p,q) 至多给出 t^2 个不同的余数对. 这样一来，R 中就有两个点 P_1 和 P_2，其坐标为 $(\dfrac{2p_1}{t}, \dfrac{2q_1}{t})$ 及 $(\dfrac{2p_2}{t}, \dfrac{2q_2}{t})$，使得 $p_1 - p_2$ 和 $q_1 - q_2$ 两者都能被 t 整除. 因此点 M（它属于 R）是 Λ 中的一个点.

§10　定理 10 的进一步拓展

我们首先给出一个一般性的说明. 这个说明对于 §5 以及 §8 和 §9 中的所有定理都适用.

我们始终主要对"基本的"格 L（或者 Λ）感兴趣，但是我们能以各种方式看到，基本格的性质是如何作为格的一般性质再次被陈述的. 现在用 L 或者 Λ 来表示由直线或者由点构成的格. 如果如 §4 中那样，格是以点 O, P, Q 为基础构建的，那么就称 □$OPRQ$ 为 L 或者 Λ 的基本平行四边形.

Farey 级数

(1) 可以建立一个以 OP, OQ 为坐标轴的笛卡儿(Descartes)斜坐标系,并约定 P 和 Q 是点 $(1,0)$ 和 $(0,1)$,那么基本平行四边形的面积就是
$$\delta = OP \cdot OQ \cdot \sin \omega$$
其中 ω 是 OP, OQ 之间的夹角. 在这个坐标系中, 对 §5 中的论证加以解释就证明了下面的定理.

定理 12 变换(12)把 Λ 变成自身的充分必要条件是 $\Delta = \pm 1$.

定理 13 如果 P 和 Q 是 Λ 中任意两点,那么,基于 OP 和 OQ 的格 L' 与格 L 等价的充分必要条件是: 由 OP 和 OQ 所定义的平行四边形的面积等于 Λ 的基本平行四边形的面积.

(2) 变换
$$x' = \alpha x + \beta y, \quad y' = \gamma x + \delta y$$
(现在这里的 $\alpha, \beta, \gamma, \delta$ 是任意实数)①把 §4 中的基本格变换成由原点以及点 $(\alpha, \gamma), (\beta, \delta)$ 所确定的格. 它把直线变成直线,把三角形变成三角形. 如果 $\triangle P_1 P_2 P_3$(其中 P_i 是点 (x_i, y_i))被变换成 $\triangle Q_1 Q_2 Q_3$, 则这两个三角形的面积为
$$\pm \frac{1}{2} \begin{vmatrix} x_1 & y_1 & 1 \\ x_2 & y_2 & 1 \\ x_3 & y_3 & 1 \end{vmatrix}$$
和

---

① 这里的 δ 与情形(1)中的 δ 无关,它在下面还会重复出现.

第7章 哈代论:法雷数列的定义和最简单的性质

$$\pm \frac{1}{2} \begin{vmatrix} \alpha x_1 + \beta y_1 & \gamma x_1 + \delta y_1 & 1 \\ \alpha x_2 + \beta y_2 & \gamma x_2 + \delta y_2 & 1 \\ \alpha x_3 + \beta y_3 & \gamma x_3 + \delta y_3 & 1 \end{vmatrix}$$

$$= \pm \frac{1}{2}(\alpha\delta - \beta\gamma) \begin{vmatrix} x_1 & y_1 & 1 \\ x_2 & y_2 & 1 \\ x_3 & y_3 & 1 \end{vmatrix}$$

于是这两个三角形的面积相差一个常数因子 $|\alpha\delta - \beta\gamma|$. 同样的结论对一般情形的面积也仍然成立,这是因为在一般情形,它们要么是三角形的面积之和,要么是三角形面积之和的极限.

这样一来,可以把一个基本格在适当的线性变换之下的任何性质加以推广. 定理 11 的推广是:

定理 14 假设 Λ 是含有原点 O 的一个格,且 R_O(关于 Λ)满足定理 11 中的条件,那么 R_O 的面积不超过 Λ 的基本平行四边形的面积.

既然要在下一个定理的证明中用到类似的思想,所以在这里将这个定理的证明从头到尾详尽地给出是恰如其分的. 这个证明依照上面情形(1)的路线,实际上和§9中的方法相同.

直线

$$x = \pm n, y = \pm n$$

定义了一个面积为 $4n^2\delta$ 的平行四边形 Π,有 Λ 的 $(2n+1)^2$ 个点 P 在 Π 的内部或者在它的边界上. 来考虑与这些点所对应的 $(2n+1)^2$ 个区域 R_P. 如果 A 是 $|x|$ 和 $|y|$ 在 C_O 上的最大值,那么所有这些区域都在一个面积为 $4(n+A)^2\delta$ 的平行四边形 Π' 的内部,该平行

四边形以直线

$$x = \pm(n+A), y = \pm(n+A)$$

为其边界,且有

$$(2n+1)^2 \Delta \leq 4(n+A)^2 \delta$$

于是,令 $n \to \infty$ 就得到 $\Delta \leq \delta$.

称两个点 (x,y) 和 (x',y') 是关于 L 等价的,如果它们在 L 的两个平行四边形中有相似的位置(因此,如果一个平行四边形被平行移动到与另一个平行四边形重合时,这两点就会重合). 如果 L 基于 OP 和 OQ,且 P 和 Q 是 (x_1, y_1) 和 (x_2, y_2),那么点 (x_1, y_1) 和 (x_2, y_2) 等价的条件就是

$$x' - x = rx_1 + sx_2, y' - y = ry_1 + sy_2$$

其中 r 和 s 是整数.

定理 15 如果 R_o 是一个平行四边形,其面积与 L 的基本平行四边形的面积相等,且在 R_o 的内部没有两个点是等价的,那么在 R_o 的内部或边界上就存在一个点,它与平面上任何给定的点均等价.

使用 R_P^* 来记与 R_P 对应的闭区域.

"R_o 不包含两个等价的点"这一假设等价于"任意两个 R_P 皆不重叠"这一假设. 而"R_o^* 中有一个点与平面的任意一点等价"这个结论等价于"R_P^* 覆盖整个平面"这一结论. 从而要证明的就是:如果 $\Delta = \delta$ 且 R_P 均不重叠,那么 R_P^* 就覆盖整个平面.

假设相反的情形出现,则在所有 R_P^* 的外部就存在一个点 Q. 这个点 Q 在 L 中的某个平行四边形的内部或者边界上,且在这个平行四边形中有一个区域 D,

第7章 哈代论:法雷数列的定义和最简单的性质

它有正的面积 η 且在所有 R_p 的外部,又在 L 的每一个平行四边形中有一个对应的区域. 因此,在面积为 $4(n+A)^2\delta$ 的平行四边形 Π' 的内部,所有的 R_p 的面积不超过

$$4(\delta-\eta)(n+A+1)^2$$

由此得出

$$(2n+1)^2\delta \leq 4(\delta-\eta)(n+A+1)^2$$

这样一来,令 $n \to \infty$ 就有

$$\delta \leq \delta - \eta$$

这是一对矛盾,由此就证明了定理.

最后,要说明的是所有这些定理都可以推广到任意维数的空间中去. 比如说,如果 Λ 是三维空间中的基本点格,即形如 (x,y,z) 且坐标为整数的点的集合, R 是一个关于原点对称的凸区域,且其体积大于 8, 那么在 R 中就存在 Λ 的异于 O 的点. 在 n 维空间中, 8 应代之以 2^n.

注 "法雷数列"的历史非常有趣. 定理 1 和定理 2 似乎是在 1802 年由 Haros 首先提出并予以证明的, 见 Dickson, *History*, i, 156. 直到 1816 年, 法雷才在 *Philosophical Magazine* 的一篇注记中陈述了定理 2. 他没有给出证明,且这个定理也不像是他所发现的,因为他也就是一位很平凡的数学家而已.

然而柯西(Cauchy)看到了法雷的陈述并补充了证明(*Exercices de mathématique*, i, 114-116). 通常数学家们都依照柯西的说法,把这个结果归功于法雷,于是这个数列就一直被冠以他的名字.

Farey 级数

有关法雷数列的更完整的说明，见 Rademacher，*Lectures in elementary number theory*（New York，Blaisdell Pub. Co.，1964）. 更详细的内容参见 Huxley，*Acta Arith.*，1971(18)：281-287，以及 Hall，*J. London Math. Soc.*，1970，2(2)：139-148.

§2 中，Hurwitz，*Math. Annalen*，1894(44)：417-436. H. G. Diamond 教授使我们注意到在较早的版本中这处证明的不完整性.

挂 轮 问 题

§1 引 言

挂轮问题是我国一位普通工人庄益敏师傅向我们提出来的. 他想知道,怎样从齿数为 $20,21,\cdots,100$ 的齿轮中选取两对齿轮,使输出速度(或传动化)尽可能接近 π 的最佳齿轮比. 这个问题相当于在 20 与 100 之间,找出四个整数 a,b,c,d,使

$$\left|\pi-\frac{ab}{cd}\right|$$

达到最小. 这是一个丢番图逼近问题. 问题的一般形式为:

问题 1 给出实数 α,整数 $k(k \leqslant K)$ 与 $l(l \leqslant L)$ 及两个正整数集合 $X = \{x_1, x_2, \cdots, x_k\}$ 与 $Y = \{y_1, y_2, \cdots, y_l\}$. 求 X 中的 k 个整数 $x_{i_1}, x_{i_2}, \cdots, x_{i_k}$ 与 Y 中的 l 个整数 $y_{i_1}, y_{i_2}, \cdots, y_{i_l}$,使

Farey 级数

$$\left| \alpha - \frac{x_{i_1} \cdot x_{i_2} \cdot \cdots \cdot x_{i_k}}{y_{i_1} \cdot y_{i_2} \cdot \cdots \cdot y_{i_l}} \right|$$

达到最小.

本附录中,我们将利用连分数与法雷中项插值,给出解决上面问题的算法,并且以庄益敏提出的问题作为这个方法的一个例子进行解答.

§2 简单连分数

对于任意非整数的实数 α,可以写为

$$\alpha = a_0 + \frac{1}{\alpha_1}, a_0 = [\alpha], \alpha_1 > 1$$

此处 $[\alpha]$ 表示 α 的整数部分. 进而,若 α_1 不是一个整数,记

$$\alpha_1 = a_1 + \frac{1}{\alpha_2}, a_1 = [\alpha_1], \alpha_2 > 1$$

一般地,若 α_{n-1} 不是一个整数,记

$$\alpha_{n-1} = a_{n-1} + \frac{1}{\alpha_n}, a_{n-1} = [\alpha_{n-1}], \alpha_n > 1$$

于是,得 α 的展开式

$$\alpha = a_0 + \cfrac{1}{a_1 + \cfrac{1}{a_2 + \cfrac{\cdots}{ + \cfrac{1}{a_n + \cdots}}}}$$

这里的每一个 $a_i(i \geqslant 1)$ 都是正整数,简单记为

$$\alpha = a_0 + \frac{1}{a_1} + \frac{1}{a_2} + \cdots + \frac{1}{a_n} + \cdots$$

或

$$\alpha = [a_0, a_1, a_2, \cdots, a_n, \cdots] \quad (1)$$

这称为 α 的简单连分数展开式. 如果上面的展开式是有限的,则 α 为有理数,否则 α 为无理数(可以参阅本附录后的参考文献[2] P. 251,[1] PP. 135-136). 因为 $[a_0, a_1, \cdots, a_n, 1] = [a_0, a_1, \cdots, a_n + 1]$,所以,如果展开式的最后一个数被规定取大于 1 的整数,则 α 的简单连分数展开式是唯一的. 无理数 α 恒有唯一的展开式.

式(1)给出 α 的简单连分数,则有限简单连分数

$$[a_0, a_1, a_2, \cdots, a_n]$$

叫作 α 的第 n 个渐近值.

定理 1 令 p_n 和 q_n 由

$$p_0 = a_0, p_1 = a_1 a_0 + 1$$
$$p_n = a_n p_{n-1} + p_{n-2}, n \geqslant 2$$
$$q_0 = 1, q_1 = a_1, q_n = a_n q_{n-1} + q_{n-2}, n \geqslant 2$$

定义,则 $\dfrac{p_n}{q_n}$ 是 α 的第 n 个渐近值.

证明 在 α 的展开式中,对所有的 $i \geqslant 1$, a_i 为正整数. 我们将对 $a_i > 0$ 和实数($i \geqslant 1$)的所有简单连分数来证明这个定理.

因为

$$[a_0] = \frac{a_0}{1}, [a_0, a_1] = \frac{a_1 a_0 + 1}{a_1}$$

103

Farey 级数

$$[a_0,a_1,a_2] = \frac{a_2(a_1a_0+1)+a_0}{a_2a_1+1}$$

所以,对于 $n=0,1,2$,定理成立. 假定 $m \geq 2$ 及定理对于适合 $0 \leq n \leq m$ 的整数 n 皆成立,则

$$[a_0,a_1,\cdots,a_{m-1},a_m,a_{m+1}] = [a_0,a_1,\cdots,a_{m-1},a_m+\frac{1}{a_{m+1}}]$$

由归纳假设,对于所有的 $0 \leq n \leq m-1$,这两个简单连分数具有恒同的 p_n 和 q_n. 应用归纳假设,对上式的右边取 $n=m$,得到

$$[a_0,a_1,\cdots,a_{m-1},a_m,a_{m+1}]$$
$$= \frac{\left(a_m+\frac{1}{a_{m+1}}\right)p_{m-1}+p_{m-2}}{\left(a_m+\frac{1}{a_{m+1}}\right)q_{m-1}+q_{m-2}}$$
$$= \frac{a_{m+1}(a_m p_{m-1}+p_{m-2})+p_{m-1}}{a_{m+1}(a_m q_{m-1}+q_{m-2})+q_{m-1}}$$
$$= \frac{a_{m+1}p_m+p_{m-1}}{a_{m+1}q_m+q_{m-1}}$$
$$= \frac{p_{m+1}}{q_{m+1}}$$

故由归纳法可知定理成立.

定理 2 我们有

$$p_n q_{n-1} - p_{n-1} q_n = (-1)^{n-1}, n \geq 1 \qquad (2)$$

及

$$p_n q_{n-2} - p_{n-2} q_n = (-1)^n a_n, n \geq 2$$

证明 当 $n=1$ 时,式(2)显然成立. 现在假定对于所有小于 n 的正整数,式(2)都成立,则由定理 1 可

附录 I 挂轮问题

知
$$p_n q_{n-1} - p_{n-1} q_n$$
$$= (a_n p_{n-1} + p_{n-2}) q_{n-1} - p_{n-1}(a_n q_{n-1} + q_{n-2})$$
$$= p_{n-2} q_{n-1} - p_{n-1} q_{n-2} = (-1)^{n-1}$$

故由归纳法可知式(2)成立.

由定理 1 及式(2),得
$$p_n q_{n-2} - p_{n-2} q_n$$
$$= (a_n p_{n-1} + p_{n-2}) q_{n-2} - p_{n-2}(a_n q_{n-1} + q_{n-2})$$
$$= a_n (p_{n-1} q_{n-2} - p_{n-2} q_{n-1}) = (-1)^n a_n$$

定理证完.

令 $\alpha_n = [a_n, a_{n+1}, \cdots]$,$a_n$ 称为实数 $\alpha = [a_0, a_1, \cdots, a_n, \cdots]$ 的第 $n+1$ 个完全商.

定理 3 我们有
$$\alpha = \alpha_0, \alpha = \frac{\alpha_1 a_0 + 1}{\alpha_1}$$
$$\alpha = \frac{\alpha_n p_{n-1} + p_{n-2}}{\alpha_n q_{n-1} + q_{n-2}}, n \geq 2$$

证明 由于
$$\alpha = \alpha_0, \alpha = a_0 + \frac{1}{\alpha_1} = \frac{\alpha_1 a_0 + 1}{\alpha_1}$$
$$\alpha = a_0 + \cfrac{1}{a_1 + \cfrac{1}{\alpha_2}}$$
$$= \frac{\alpha_2(a_1 a_0 + 1) + a_0}{\alpha_2 a_1 + 1}$$
$$= \frac{\alpha_2 p_1 + p_0}{\alpha_2 q_1 + q_0}$$

Farey 级数

所以,对于 $n \leqslant 2$, 定理成立. 现在令 $n > 2$, 并假定对于所有的 $m < n$, 定理成立, 则

$$\begin{aligned}\alpha &= \frac{\alpha_{n-1}p_{n-2}+p_{n-3}}{\alpha_{n-1}q_{n-2}+q_{n-3}}\\ &= \frac{\left(a_{n-1}+\dfrac{1}{\alpha_n}\right)p_{n-2}+p_{n-3}}{\left(a_{n-1}+\dfrac{1}{\alpha_n}\right)q_{n-2}+q_{n-3}}\\ &= \frac{\alpha_n(a_{n-1}p_{n-2}+p_{n-3})+p_{n-2}}{\alpha_n(a_{n-1}q_{n-2}+q_{n-3})+q_{n-2}}\\ &= \frac{\alpha_n p_{n-1}+p_{n-2}}{\alpha_n q_{n-1}+q_{n-2}}\end{aligned}$$

定理证完.

定理 4 我们有

$$\alpha - \frac{p_n}{q_n} = \frac{(-1)^n}{q_n(\alpha_{n+1}q_n+q_{n-1})}, n \geqslant 0$$

在这个条件下, $q_{-1}=0$.

注意, 当 $\alpha = [a_0, a_1, \cdots, a_m]$ 时, 定理仅对于适合 $0 \leqslant n \leqslant m$ 的整数成立.

证明 由定理 3 及约定的 $p_{-1}=1$, 对 $n \geqslant 0$, 我们有

$$\begin{aligned}\alpha - \frac{p_n}{q_n} &= \frac{\alpha_{n+1}p_n+p_{n-1}}{\alpha_{n+1}q_n+q_{n-1}} - \frac{p_n}{q_n}\\ &= \frac{-(p_n q_{n-1}-p_{n-1}q_n)}{q_n(\alpha_{n+1}q_n+q_{n-1})}\\ &= \frac{(-1)^n}{q_n(\alpha_{n+1}q_n+q_{n-1})}\end{aligned}$$

定理证完.

定理 5 我们有

$$\left|\alpha - \frac{p_n}{q_n}\right| \leq \frac{1}{q_n q_{n+1}}$$

及

$$|q_n \alpha - p_n| < |q_{n-1}\alpha - p_{n-1}|$$

证明 由定理 4 可知

$$\left|\alpha - \frac{p_n}{q_n}\right| = \frac{1}{q_n(\alpha_{n+1}q_n + q_{n-1})}$$

$$\leq \frac{1}{q_n(a_{n+1}q_n + q_{n-1})} = \frac{1}{q_n q_{n+1}}$$

又由定理 1 及 4 得

$$|q_{n-1}\alpha - p_{n-1}| = \frac{1}{\alpha_n q_{n-1} + q_{n-2}}$$

$$> \frac{1}{(a_n + 1)q_{n-1} + q_{n-2}} = \frac{1}{q_n + q_{n-1}}$$

$$> \frac{1}{\alpha_{n+1}q_n + q_{n-1}} = |q_n\alpha - p_n|$$

定理证完.

§3 法 雷 贯

将 0 与 1 之间,分母不超过 n 的全体不可约分数,按从小到大排列,即得 n 级法雷贯,记为 $\mathscr{F}_n$. 因此,当

$$0 \leq a \leq b \leq n, (a,b) = 1$$

时,$\frac{a}{b} \in \mathscr{F}_n$,这里 (a,b) 表示 a 和 b 的最大公约数. 如

Farey 级数

果 $\dfrac{a}{b}$ 与 $\dfrac{a'}{b'}$ 为法雷贯 $\mathscr{F}_n$ 的两相邻项,则

$$\dfrac{a+a'}{b+b'}$$

为它们的法雷中项.

定理 6 假定 a, a', b, b' 为适合
$$a'b - ab' = 1$$
的四个正整数,则在 $\dfrac{a}{b}$ 与 $\dfrac{a'}{b'}$ 之间没有分母小于 $b+b'$ 或分子小于 $a+a'$ 的分数.

证明 因为 $\dfrac{a}{b}$ 和 $\dfrac{a'}{b'}$ 可以分别换为 $\dfrac{b'}{a'}$ 和 $\dfrac{b}{a}$,所以,只要证明在 $\dfrac{a}{b}$ 和 $\dfrac{a'}{b'}$ 之间没有分母小于 $b+b'$ 的分数即可.

显然

$$\dfrac{a}{b} < \dfrac{a+a'}{b+b'} < \dfrac{a'}{b'}$$

及

$$(a+a')b - a(b+b') = a'(b+b') - (a+a')b'$$
$$= a'b - ab' = 1$$

所以 $(a+a', b+b') = 1$. 在区间 $\left(\dfrac{a}{b}, \dfrac{a'}{b'}\right)$ 中,除 $\dfrac{a+a'}{b+b'}$ 之外的每个分数 α 必须满足下面两个不等式之一

$$\dfrac{a}{b} < \alpha < \dfrac{a+a'}{b+b'}, \dfrac{a+a'}{b+b'} < \alpha < \dfrac{a'}{b'}$$

所以,只要证明在 $\dfrac{a}{b}$ 与 $\dfrac{a'}{b'}$ 之间没有分母小于 $\max\{b, b'\}$ 的分数即可.

附录 I 挂轮问题

假定 $\dfrac{a''}{b''}$ 满足

$$\frac{a}{b} < \frac{a''}{b''} < \frac{a'}{b'}, b'' < \max\{b, b'\}$$

若 $b'' \geq b$,则 $b'' < b'$,并且

$$\frac{a''}{b''} - \frac{a}{b} = \frac{a''b - ab''}{bb''} \geq \frac{1}{b'b''} > \frac{1}{bb'} = \frac{a'}{b'} - \frac{a}{b}$$

这是矛盾的. 若 $b' < b$,则 $b'' < b$,并且

$$\frac{a'}{b'} - \frac{a''}{b''} = \frac{a'b'' - a''b'}{b'b''} \geq \frac{1}{b'b''} > \frac{1}{bb'} = \frac{a'}{b'} - \frac{a}{b}$$

这仍是矛盾的. 定理证完.

由此立刻推出,如果 $\dfrac{a'}{b'} \leq 1$,则 $\dfrac{a}{b}$ 与 $\dfrac{a'}{b'}$ 是法雷贯 $\mathscr{F}_{b+b'-1}$ 的相邻两项,而

$$\frac{a+a'}{b+b'}$$

是它们的法雷中项.

§4 问题的算法

本节我们将给出 §1 所述问题的求解过程. 假设

$$\frac{(\min X)^k}{(\max Y)^l} < \alpha < \frac{(\max X)^k}{(\min Y)^l}$$

否则,问题的解答是明显的.

(1)将 α 展开成简单连分数

$$\alpha = [a_0, u_1, \cdots, u_n, \cdots]$$

Farey 级数

由定理 2、定理 4 与定理 5 可知,α 的渐近值满足

$$\frac{p_0}{q_0} < \frac{p_2}{q_2} < \cdots < \frac{p_{2m}}{q_{2m}} < \cdots < \alpha < \cdots < \frac{p_{2m-1}}{q_{2m-1}}$$

$$< \cdots < \frac{p_3}{q_3} < \frac{p_1}{q_1} \quad (3)$$

及

$$\cdots < \left|\alpha - \frac{p_m}{q_m}\right| < \left|\alpha - \frac{p_{m-1}}{q_{m-1}}\right| < \cdots < \left|\alpha - \frac{p_0}{q_0}\right| \quad (4)$$

令

$$x = \max_i x_i, \quad y = \max_j y_j$$

又令 n 表示使 $p_n \leq x^k$ 与 $q_n \leq y^l$ 同时成立的最大整数,则由定理 2 与定理 6 可知,在 $\frac{p_n}{q_n}$ 与 $\frac{p_{n+1}}{q_{n+1}}$ 之间没有分母小于或等于 y^l 和分子小于或等于 x^k 的分数. 换言之,没有满足问题要求的分数. 因此,我们应该首先在 $\frac{p_{n-1}}{q_{n-1}}$ 与 $\frac{p_n}{q_n}$ 之间寻求适合问题要求的分数.

(2) 不失一般性,我们可以假设 n 是奇数,则

$$\frac{p_{n-1}}{q_{n-1}} < \alpha < \frac{p_n}{q_n}$$

故由定理 6 可知,在区间 $\left[\frac{p_{n-1}}{q_{n-1}}, \frac{p_n}{q_n}\right]$ 中,所有分母小于或等于 y^l 而分子小于或等于 x^k 的分数,可以在法雷中项

$$\frac{p_{n-1} + p_n}{q_{n-1} + q_n}, \frac{2p_{n-1} + p_n}{2q_{n-1} + q_n}, \frac{p_{n-1} + 2p_n}{q_{n-1} + 2q_n}, \cdots$$

中寻找.从这些法雷中项中可得到所有形如

$$\frac{x_{i_1} \cdot x_{i_2} \cdot \cdots \cdot x_{i_k}}{y_{j_1} \cdot y_{j_2} \cdot \cdots \cdot y_{j_l}}$$

的分数.如果有这种分数,并且其中距 α 最近的是 $\dfrac{a}{b}$.
若

$$\left|\frac{a}{b} - \alpha\right| \leqslant \left|\frac{p_n}{q_n} - \alpha\right| \qquad (5)$$

则由式(3)与式(4)可知,$\dfrac{a}{b}$就是我们的问题的解答.
另一方面,如果在上述分数中没有适合我们要求的分数,或者式(5)不满足,那么,还需要继续依次在区间

$$\left[\frac{p_{n-1}}{q_{n-1}}, \frac{p_{n-2}}{q_{n-2}}\right], \left[\frac{p_{n-2}}{q_{n-2}}, \frac{p_{n-3}}{q_{n-3}}\right], \left[\frac{p_{n-3}}{q_{n-3}}, \frac{p_{n-4}}{q_{n-4}}\right], \cdots$$

中用法雷中项来寻找,如此下去,直到问题解决.

§5 挂轮问题的求解

问题2 在 20 与 100 之间寻找四个整数 a,b,c,d,使 $\left|\pi - \dfrac{ab}{cd}\right|$ 达到最小.

解 (1)π 展开成简单连分数为
$$\pi = [3, 7, 15, 1, 292, \cdots]$$
它的渐近值依次为
$$\frac{3}{1}, \frac{22}{7}, \frac{333}{106}, \frac{355}{113}, \frac{103\,993}{33\,102}, \cdots$$

Farey 级数

用 §4 的记号,则 $k = l = 2, x^2 = y^2 = 10\ 000$ 及 $n = 3$,我们开始在区间 $\left[\dfrac{333}{106}, \dfrac{355}{113}\right]$ 中寻找适合问题要求的形如 $\dfrac{ab}{cd}$ 的分数.

(2)我们来确定分子和分母都小于或等于 10 000 的形为

$$\frac{333 + (k \cdot 355)}{106 + (k \cdot 113)}$$

的法雷中项. 它们是

$$\frac{333}{106} < \frac{688}{219} < \frac{1\ 043}{332} < \frac{1\ 398}{445} < \frac{1\ 753}{558} < \frac{2\ 108}{671} < \frac{2\ 463}{784}$$
$$< \frac{2\ 818}{897} < \frac{3\ 173}{1\ 010} < \frac{3\ 528}{1\ 123} < \frac{3\ 883}{1\ 236} < \frac{4\ 238}{1\ 349} < \frac{4\ 593}{1\ 462}$$
$$< \frac{4\ 948}{1\ 575} < \frac{5\ 303}{1\ 688} < \frac{5\ 658}{1\ 801} < \frac{6\ 013}{1\ 914} < \frac{6\ 368}{2\ 027} < \frac{6\ 723}{2\ 140}$$
$$< \frac{7\ 078}{2\ 253} < \frac{7\ 433}{2\ 366} < \frac{7\ 788}{2\ 479} < \frac{8\ 143}{2\ 592} < \frac{8\ 498}{2\ 705} < \frac{8\ 853}{2\ 818}$$
$$< \frac{9\ 208}{2\ 931} < \frac{9\ 653}{3\ 044} < \frac{9\ 918}{3\ 157} < \frac{355}{113} \qquad (6)$$

除

$$\frac{2\ 108}{671} = \frac{62 \times 68}{22 \times 61}$$

外,式(6)中所有的分数均不能表示为 $\dfrac{ab}{cd}$,其中 a, b, c, d 为 20 与 100 之间的整数. 由于

$$\frac{2\ 108}{671} < \pi$$

所以小于 $\dfrac{2\ 108}{671}$ 的分数与法雷中项已不必再考虑. 下面

列出了在 $\dfrac{333}{106}$ 与 $\dfrac{355}{113}$ 之间大于或等于 $\dfrac{2\,108}{671}$ 的及分子与分母都小于或等于 $10\,000$ 的所有法雷中项. 注意, 这个数列可以由式(6)中大于或等于 $\dfrac{2\,108}{671}$ 的法雷中项分数数列导出. 我们有

$$\dfrac{2\,108}{671} < \dfrac{8\,787}{2\,797} < \dfrac{6\,679}{2\,126} < \dfrac{4\,571}{1\,455} < \dfrac{7\,034}{2\,239} < \dfrac{9\,497}{3\,023} < \dfrac{2\,463}{784}$$

$$< \dfrac{7\,744}{2\,465} < \dfrac{5\,281}{1\,681} < \dfrac{8\,099}{2\,578} < \dfrac{2\,818}{897} < \dfrac{8\,809}{2\,804} < \dfrac{5\,591}{1\,907}$$

$$< \dfrac{9\,164}{2\,917} < \dfrac{3\,173}{1\,010} < \dfrac{9\,874}{3\,143} < \dfrac{6\,701}{2\,133} < \dfrac{3\,528}{1\,123} < \dfrac{7\,411}{2\,359}$$

$$< \dfrac{3\,883}{1\,236} < \dfrac{8\,121}{2\,585} < \dfrac{4\,238}{1\,349} < \dfrac{8\,831}{2\,811} < \dfrac{4\,593}{1\,462} < \dfrac{9\,541}{3\,037}$$

$$< \dfrac{4\,948}{1\,575} < \cdots < \dfrac{355}{113}$$

$\dfrac{4\,948}{1\,575}$ 与 $\dfrac{355}{113}$ 之间的法雷中项已经在式(6)中给出, 其中除

$$\dfrac{7\,744}{2\,465} = \dfrac{88 \times 88}{29 \times 85}$$

外, 均不能表示成所需的 $\dfrac{ab}{cd}$ 的形式. 因为

$$\left| \dfrac{7\,744}{2\,465} - \pi \right| > \left| \dfrac{355}{113} - \pi \right|$$

所以还需在区间 $\left[\dfrac{333}{106}, \dfrac{22}{7}\right]$ 中继续搜寻.

(3) 因为

$$\dfrac{7\,744}{2\,465} < \pi < \dfrac{355}{113}$$

Farey 级数

所以只要在区间 $\left[\dfrac{355}{113}, \dfrac{22}{7}\right]$ 中寻找即可. 我们来确定分子和分母都小于或等于 10 000 的形为
$$\dfrac{(k \cdot 355) + 22}{(k \cdot 113) + 7}$$
的法雷中项. 它们是

$$\dfrac{355}{113} < \dfrac{9\,962}{3\,171} < \dfrac{9\,607}{3\,058} < \dfrac{9\,252}{2\,945} < \dfrac{8\,897}{2\,832} < \dfrac{8\,542}{2\,719} < \dfrac{8\,187}{2\,606}$$

$$< \dfrac{7\,832}{2\,493} < \dfrac{7\,477}{2\,380} < \dfrac{7\,122}{2\,267} < \dfrac{6\,767}{2\,154} < \dfrac{6\,412}{2\,041} < \dfrac{6\,057}{1\,928}$$

$$< \dfrac{5\,702}{1\,815} < \dfrac{5\,347}{1\,702} < \dfrac{4\,992}{1\,589} < \dfrac{4\,637}{1\,476} < \dfrac{4\,282}{1\,363} < \dfrac{3\,927}{1\,250}$$

$$= \dfrac{11 \times 355 + 22}{11 \times 113 + 7} < \cdots < \dfrac{22}{7} \qquad (7)$$

其中除
$$\dfrac{3\,927}{1\,250} = \dfrac{51 \times 77}{25 \times 50}$$

外,式(7)中小于 $\dfrac{3\,927}{1\,250}$ 的所有分数,均不能表示为所需形式. 因为

$$\pi < \dfrac{3\,927}{1\,250}$$

所以大于 $\dfrac{3\,927}{1\,250}$ 的分数已不必再考虑. 由 $\dfrac{355}{113}$ 与 $\dfrac{22}{7}$ 之间得到的小于或等于 $\dfrac{3\,927}{1\,250}$ 的法雷中项,其分子和分母都小于或等于 10 000,在式(7)中又未曾包含进去的,都列在下面. 注意,它们可以由式(7)中分子小于或等于 5 000 的分数,取法雷中项导出. 这样,还有

$$\frac{4\,992}{1\,589} < \frac{9\,629}{3\,065} < \frac{4\,637}{1\,476} < \frac{8\,919}{2\,839} < \frac{4\,282}{1\,363} < \frac{8\,209}{2\,613} < \frac{3\,927}{1\,250}$$

上面所有的分数皆不能表示成所需的形式. 因为

$$\left|\frac{3\,927}{1\,250} - \pi\right| < \left|\frac{7\,745}{2\,465} - \pi\right|$$

所以,我们的问题的解为 $a = 51, b = 77, c = 25, d = 50$.

注 这个问题的计算过程很容易用 ALGOL 60 语言写出,上面的例子在中国科学院数学研究所的电子计算机 DJS-21 上计算,所需时间为 90 秒.

参 考 文 献

[1] HARDY G H, WRIGHT E M. An Introduction to the Theory of Numbers[M]. 4th ed. Oxford:Clarendon Press,1960.

[2] 华罗庚. 数论导引[M]. 北京:科学出版社,1957.

[3] 华罗庚. 高等数学引论(第一卷第一分册)[M]. 北京:科学出版社,1963.

挂轮计算问题的精确解
——一类特殊的丢番图逼近问题

附录 Ⅱ

所谓"挂轮计算问题",以双列挂轮的情形为例就是:

"给出了一组齿数分别是 $z_1, z_2, \cdots, z_N$(不妨假设 $z_1 < z_2 < \cdots < z_N$)的 N 个齿轮,需要从其中选出 4 个能够使相应的传动比

$$i = \frac{x_1 x_2}{x_3 x_4}$$

与某个已给定的数值 i_0 之间的误差

$$\delta = |i - i_0|$$

为最小的齿轮(这里的 x_1, x_2, x_3, x_4 分别表示所选齿轮的齿数),而满足上述要求的整数组 (x_1, x_2, x_3, x_4) 就称为挂轮计算问题的精确解."也就是说:"对于一个给定的

附录Ⅱ　挂轮计算问题的精确解——一类特殊的丢番图逼近问题

实数 i_0,要求从 N 个给定的正整数 $z_1, z_2, \cdots, z_N$ 中选出 4 个(设为 x_1, x_2, x_3 与 x_4)使相应的 $i = \dfrac{x_1 x_2}{x_3 x_4}$ 与 i_0 之间的误差达到最小."对于 k 列挂轮的情形,定义也类似,只是要求从 $z_1, \cdots, z_N$ 中选出 $2k$ 个(设为 $x_1, \cdots, x_k, x_{k+1}, \cdots, x_{2k}$)使相应的 $i = (x_1 \cdot \cdots \cdot x_k)(x_{k+1} \cdot \cdots \cdot x_{2k})^{-1}$ 与 i_0 之间的误差达到最小. 自然,这是一种特殊类型的丢番图逼近问题.

挂轮计算问题在机床加工过程中经常遇到,问题的准确解决对于保证加工的精度和质量具有很大的意义.

1974 年 8 月,洛阳拖拉机厂的庄敏益师傅首先对我们提出了圆周率 π 的挂轮计算问题(取 $N=81, z_j = 19+j, j=1,2,\cdots,81$),以后在各种场合又多次遇到,庄师傅在提出问题时已经得到了 π 的一个相当精确的近似解

$$i = \frac{2\,108}{671} = \frac{68 \times 62}{61 \times 22} \approx 3.141\,579$$

(精确到第五位小数),但他精益求精,对此并不满足,还希望得出该问题的精确解(这个精确解将在下文中给出). 华罗庚同志指出了利用连分数与法雷贯解决这一问题的可能性,这里我们循此思想设计了一个完全初等的,只需用到加、减、乘、除四则运算的解法,用此解法,可以很快或较快地求得一般挂轮计算问题的精确解.

下面我们将对双列挂轮的情形详细叙述这一解法

Farey 级数

的理论基础以及具体步骤. 对于多列挂轮的情形,原理一样,解法也差不多,这里就不赘述了.

因为每一个 $x_i(i=1,2,3,4)$ 都不大于 z_N,所以传动比 i 一定是一个分子、分母都不大于 z_N^2 的分数. 因此我们只要考虑那些分子、分母都不大于 z_N^2 的分数,从中选出那些能够表示成

$$\frac{x_1 x_2}{x_3 x_4} \qquad (1)$$

形状的分数,再从其中挑出与 i_0 最接近的一个,便得到所求的精确解.

但是分子、分母都不大于 z_N^2 的分数很多,特别当 z_N 比较大的时候,这样的分数更是多得无法考虑,因此我们首先考虑落在一个包含 i_0 的较小范围内的全体分子、分母都不大于 z_N^2 的分数. 对于这些分数,从 i_0 开始,由近及远地逐个检验它们能否表示成式(1)的形状,如果从这些分数中已经能够选出形状如式(1)的分数,那么再从其中选出与 i_0 距离最近的一个;如果没有的话,那么再逐步扩大范围. 这就是这一方法的出发点.

因此需要解决两个问题:第一,这一系列逐步扩大的范围如何确定;第二,给了一个范围,如何定出落在其中的分子、分母都不大于 z_N^2 的全体分数.

我们用连分数及其渐近分数来解决第一个问题. 关于连分数及其渐近分数的一般理论,可见华罗庚著的《数论导引》第十章的§1,§2,§3 或见其著的《从祖冲之的圆周率谈起》一书.

附录Ⅱ 挂轮计算问题的精确解——一类特殊的丢番图逼近问题

为了解决第二个问题,我们需要一条引理,此即:

引理 1 设 p, p', q, q' 都为正整数,并且

$$p'q - pq' = 1 \qquad (2)$$

则决无分母小于 $q + q'$ 或分子小于 $p + p'$ 的分数能够落在 $\dfrac{p}{q}$ 与 $\dfrac{p'}{q'}$ 之间.

证明 因为分子、分母可以颠倒,所以只需证明决无分母小于 $q + q'$ 的分数能够落在 $\dfrac{p}{q}$ 与 $\dfrac{p'}{q'}$ 之间. 又因

$$\frac{p}{q} < \frac{p + p'}{q + q'} < \frac{p'}{q'} \qquad (3)$$

及

$$(p + p')q - p(q + q') = p'(q + q') - (p + p')q'$$
$$= p'q - pq' = 1 \qquad (4)$$

而落在 $\dfrac{p}{q}$ 与 $\dfrac{p'}{q'}$ 间的分数又必落在 $\dfrac{p}{q}$ 与 $\dfrac{p+p'}{q+q'}$ 或 $\dfrac{p+p'}{q+q'}$ 与 $\dfrac{p'}{q'}$ 之间,故又只需证明:在式(2)的条件下,决无分母小于 $\max\{q, q'\}$ 的分数能够落在 $\dfrac{p}{q}$ 与 $\dfrac{p'}{q'}$ 之间.

用反证法,若 $\dfrac{p''}{q''}$ 为一适合

$$q'' < \max\{q, q'\}$$

及

$$\frac{p}{q} < \frac{p''}{q''} < \frac{p'}{q'}$$

的分数,则在 $q' \geqslant q$ 时, $q'' < q'$,由此及

Farey 级数

$$\frac{p''}{q''} - \frac{p}{q} = \frac{p''q - pq''}{qq''} \geq \frac{1}{qq''} > \frac{1}{qq'} = \frac{p'q - pq'}{qq'} = \frac{p'}{q'} - \frac{p}{q}$$

将得出 $\frac{p'}{q'} < \frac{p''}{q''}$ 的矛盾,类似地,对于 $q' < q$ 的情形,$q'' < q$,由此得到

$$\frac{p'}{q'} - \frac{p''}{q''} = \frac{p'q'' - p''q'}{q'q''} \geq \frac{1}{q'q''} > \frac{1}{qq'} = \frac{p'q - pq'}{qq'} = \frac{p'}{q'} - \frac{p}{q}$$

从而得到 $\frac{p}{q} > \frac{p''}{q''}$ 的矛盾,引理证毕.

根据这个引理,对于任意给定的两个适合式(2)的分数 $\frac{p}{q}$ 与 $\frac{p'}{q'}$,与一个固定的正整数 M,可以很简单地通过将分子、分母分别相加插入新分数的方法,定出落在这两个分数间的、分子与分母都不大于 M 的全体既约分数,具体办法如下:

首先考察

$$q + q' \leq M \text{ 与 } p + p' \leq M \qquad (5)$$

是否都成立,若不是,由引理知,决无分子、分母都不大于 M 的分数能够落在 $\frac{p}{q}$ 与 $\frac{p'}{q'}$ 之间;相反,若(5)中两式都成立,易见有(3)(4)两式成立,这时再来考察 $\frac{p}{q}$ 与 $\frac{p+p'}{q+q'}$,$\frac{p+p'}{q+q'}$ 与 $\frac{p'}{q'}$ 这两对分数. 根据每一对分数的分子和与分母和是否都不大于 M 而决定能否再在这对分数间插入新的分数. 重复这个过程,直到任意两个相邻分数的分子和与分母和有一个大于 M 为止,这时便得

附录Ⅱ 挂轮计算问题的精确解——一类特殊的丢番图逼近问题

到以大小次序排列的、落在 $\dfrac{p}{q}$ 与 $\dfrac{p'}{q'}$ 间的全体既约分数.

至此必要的准备都已完全,下面叙述寻求挂轮计算问题的精确解的具体步骤:

第一步:用辗转相除法先将 i_0 表示成连分数

$$i_0 = a_0 + \dfrac{1}{a_1} + \dfrac{1}{a_2} + \cdots + \dfrac{1}{a_n} + \cdots \qquad (6)$$

然后求出其各个渐近分数 $\dfrac{p_n}{q_n}(n=0,1,2,\cdots,k)$,这里的 k 为使

$$p_k \leqslant z_N^2 \text{ 与 } q_k \leqslant z_N^2$$

同时成立的最大整数,根据连分数的一般理论可有

$$\begin{array}{l} p_0 = a_0, p_1 = a_1 a_0 + 1, p_n = a_n p_{n-1} + p_{n-2}, n \geqslant 2 \\ q_0 = 1, q_1 = a_1, q_n = a_n q_{n-1} + q_{n-2}, n \geqslant 2 \end{array} \qquad (7)$$

$$p_n q_{n-1} - p_{n-1} q_n = (-1)^{n-1}, n \geqslant 1 \qquad (8)$$

$$\dfrac{p_0}{q_0} < \dfrac{p_2}{q_2} < \cdots < \dfrac{p_{2n}}{q_{2n}} < \cdots < i_0 < \cdots < \dfrac{p_{2n-1}}{q_{2n-1}} < \cdots < \dfrac{p_3}{q_3} < \dfrac{p_1}{q_1} \qquad (9)$$

与

$$\left| i_0 - \dfrac{p_k}{q_k} \right| < \left| i_0 - \dfrac{p_{k-1}}{q_{k-1}} \right| < \left| i_0 - \dfrac{p_{k-2}}{q_{k-2}} \right| < \cdots$$
$$< \left| i_0 - \dfrac{p_2}{q_2} \right| < \left| i_0 - \dfrac{p_1}{q_1} \right| < \left| i_0 - \dfrac{p_0}{q_0} \right| \qquad (10)$$

由式(9)可见,当 k 为偶数时,区间 $\left[\dfrac{p_{k-1}}{q_{k-1}}, \dfrac{p_k}{q_k}\right]$,$\left[\dfrac{p_{k-1}}{q_{k-1}}, \dfrac{p_{k-2}}{q_{k-2}}\right]$,$\left[\dfrac{p_{k-2}}{q_{k-2}}, \dfrac{p_{k-3}}{q_{k-3}}\right]$,$\cdots$,$\left[\dfrac{p_0}{q_0}, \dfrac{p_1}{q_1}\right]$ 为一列每一个

Farey 级数

都包含在下一个中的区间列;而在 k 为奇数时,区间
$\left[\dfrac{p_{k-1}}{q_{k-1}},\dfrac{p_k}{q_k}\right],\left[\dfrac{p_{k-1}}{q_{k-1}},\dfrac{p_{k-2}}{q_{k-2}}\right],\left[\dfrac{p_{k-2}}{q_{k-2}},\dfrac{p_{k-3}}{q_{k-3}}\right],\cdots,\left[\dfrac{p_0}{q_0},\dfrac{p_1}{q_1}\right]$ 为一列每一个都包含在下一个中的区间列.

第二步:确定一个最大的整数 $l(l\leqslant k)$ 使落在

$$\dfrac{p_l}{q_l} \text{ 与 } \dfrac{p_{l-1}}{q_{l-1}}$$

间的、分子与分母都不大于 z_N^2 的分数中有能表示成式(1)的形状者,并找出其中与 i_0 最接近的一个,设为

$$\dfrac{y_1 y_2}{y_3 y_4}$$

第三步:检验

$$\left| i_0 - \dfrac{y_1 y_2}{y_3 y_4} \right| \leqslant \left| i_0 - \dfrac{p_l}{q_l} \right| \qquad (11)$$

是否成立,若不等式(11)成立,则 y_1,y_2,y_3,y_4 即为所求的精确解;若不等式(11)不成立,则从落在

$$\dfrac{p_{l-1}}{q_{l-1}} \text{ 与 } \dfrac{p_{l-2}}{q_{l-2}}$$

间的、能够表示成式(1)形状的全体分数中找出与 i_0 最接近的一个,与之相应的 x_1,x_2,x_3,x_4 即为问题的精确解.

注 在实际计算中,每求得一个分子、分母都不大于 z_N^2 的分数,可立即检验其能否表示成式(1)的形状,若它已能表示成式(1)的形状,则根据它大于或小于 i_0,就无须再在它的右方或左方通过插入的方法添加新的分数.在检验一个分数能否表示成式(1)的形状

附录Ⅱ 挂轮计算问题的精确解——一类特殊的丢番图逼近问题

时,可以借助于现成的因数分解表或素数表,这样可以大大地减少计算量.

从上面的方法可以看到:z_N 越大,需要考虑的分数就越多,计算量也就越大,对于有些机床来说,挂轮齿数具有某种特殊的性质,例如,都是 5 的倍数或都是 4 的倍数,也就是说所有的 $z_j(j=1,2,\cdots,N)$ 都是 5 或 4 的倍数,遇到这种情形,可以先将每一个 z_j 都除以 5 或 4,也即令

$$z'_j = \frac{z_j}{5(\text{或}4)}, j=1,2,\cdots,N$$

然后对 i_0 与 $z'_j(j=1,2,\cdots,N)$ 求出精确解 x'_1,x'_2,x'_3 与 x'_4,再令

$$x_j = x'_j \cdot 5(\text{或}4), j=1,2,3,4$$

就得到原问题的精确解.

下面我们举两个实例来说明上面的方法.

例 1 某机床上备有一套齿数从 20 到 100 的"四倍组"(即每个齿轮的齿数都是 4 的倍数)齿轮,现在需要解决

$$i_0 = 0.56938$$

的挂轮计算问题.

因为齿数都是 4 的倍数,故先将它们都除以 4,而考虑 $i_0 = 0.56938$ 与

$$z'_j = 4+j, j=1,2,\cdots,21$$

的挂轮计算问题.

第一步:因为

Farey 级数

1	1.000 00	0.569 38	0
	0.569 38	0.430 62	1
3	0.430 62	13 876	9
	41 628	12 906	
1	1 434	970	2
	970	928	
11	464	42	21
	462	42	
	2	0	

所以 i_0 的连分数表示为

$$i_0 = 0 + \frac{1}{1} + \frac{1}{1} + \frac{1}{3} + \frac{1}{9} + \frac{1}{1} + \frac{1}{2} + \frac{1}{11} + \frac{1}{21}$$

而由式(7)算得各个渐近分数依次为

$$\frac{0}{1}, \frac{1}{1}, \frac{1}{2}, \frac{4}{7}, \frac{37}{65}, \frac{41}{72}, \frac{119}{209}$$

因为 $z'_N = 25$,$z'^2_N = 625$,所以剩下的两个渐近分数 $\frac{1\ 350}{2\ 371}$ 与 $\frac{28\ 469}{50\ 000}$ 都略去不要了. 现在 $k=6$.

第二步:因为

$$\frac{p_6}{q_6} = \frac{119}{209} = \frac{7 \times 17}{11 \times 19}$$

的确能够表示成要求的形状,所以 $l=6$. 通过将分子、分母分别相加插入新分数的方法,首先在 $\frac{119}{209}$ 与 $\frac{41}{72}$ 间插入 $\frac{160}{281}$,即有

附录Ⅱ 挂轮计算问题的精确解——一类特殊的丢番图逼近问题

$$\frac{119}{209} < \frac{160}{281} < \frac{41}{72}$$

因为 281 与 41 都是大于 25 的素数,所以 $\frac{160}{281}$ 与 $\frac{41}{72}$ 都不可能表示成要求的形状. 又在上面三个分数间还可插入 $\frac{279}{490}$ 与 $\frac{201}{353}$,即得

$$\frac{119}{209} < \frac{279}{490} < \frac{160}{281} < \frac{201}{353} < \frac{41}{72}$$

因为 353 是大于 25 的素数,$279 = 3^2 \times 31$ 包含大于 25 的素因子 31,所以这两个新插入的分数也都不能表示成要求的形状,这时只能在 $\frac{201}{353}$ 与 $\frac{41}{72}$ 间插入分子、分母都不大于 625 的分数 $\frac{242}{425}$,而得

$$\frac{119}{209} < \frac{279}{490} < \frac{160}{281} < \frac{201}{353} < \frac{242}{425} < \frac{41}{72}$$

因为

$$\frac{242}{425} = \frac{11 \times 22}{17 \times 25} = 0.569\ 41 > i_0 = 0.569\ 38$$

已能表示成要求的形状,所以无须再去考察它右边的分数. 又因 $353 + 425 > 625$,所以在 $\frac{242}{425}$ 与 $\frac{201}{353}$ 间也不可能再插入新的分数. 最后因为

$$\left|\frac{242}{425} - i_0\right| > \left|\frac{119}{209} - i_0\right|$$

所以 $\frac{119}{209} = \frac{17 \times 7}{11 \times 19}$ 满足要求,也即 7,17,11,19 是 i_0 与 $z_j = 4 + j\ (j = 1,2,\cdots,21)$ 的精确解,从而 28,68,44,76

Farey 级数

为原问题的精确解.

例 2 求解圆周率 π 与
$$z_j = 19 + j, j = 1, 2, \cdots, 81$$
的挂轮计算问题.

现在 $N = 81$,而 $z_{81} = 100$,$z_{81}^2 = 10\,000$. 因为圆周率 π 的连分数表示为[①]

$$\pi = 3 + \frac{1}{7} + \frac{1}{15} + \frac{1}{1} + \frac{1}{292} + \cdots$$

其开始的几个渐近分数依次为

$$\frac{3}{1},\frac{22}{7},\frac{333}{106},\frac{355}{113},\frac{103\,993}{33\,102},\cdots$$

所以 $k = 3$,而

$$\frac{333}{106} < \pi < \frac{355}{113}$$

在 $\frac{333}{106}$ 与 $\frac{355}{113}$ 间通过分子、分母相加的方法插入一批分数如

$$\frac{333}{106} < \frac{688}{219} < \frac{1\,043}{332} < \frac{1\,398}{445} < \frac{1\,753}{558} < \frac{2\,108}{671} < \frac{2\,463}{784}$$
$$< \frac{2\,818}{897} < \frac{3\,173}{1\,010} < \frac{3\,528}{1\,123} < \frac{3\,883}{1\,236} < \frac{4\,238}{1\,349} < \frac{4\,593}{1\,462}$$
$$< \frac{4\,948}{1\,575} < \frac{5\,303}{1\,688} < \frac{5\,658}{1\,801} < \frac{6\,013}{1\,914} < \frac{6\,368}{2\,027} < \frac{6\,723}{2\,140}$$
$$< \frac{7\,078}{2\,253} < \frac{7\,433}{2\,366} < \frac{7\,788}{2\,479} < \frac{8\,143}{2\,592} < \frac{8\,498}{2\,705} < \frac{8\,853}{2\,818}$$
$$< \frac{9\,208}{2\,931} < \frac{9\,563}{3\,044} < \frac{9\,918}{3\,157} < \frac{355}{113} \tag{12}$$

[①] 例如见《数论导引》P. 267 与 P. 272.

附录Ⅱ 挂轮计算问题的精确解——一类特殊的丢番图逼近问题

其中

$$\frac{2\ 108}{671} = \frac{68 \times 62}{22 \times 61}$$

能够表示成要求的形状,并且小于 π,所以不必再考虑小于它的分数. 又

$$2\ 463 = 3 \times 821 \qquad 2\ 818 = 2 \times 1\ 409$$
$$3\ 173 = 19 \times 167 \qquad 3\ 883 = 11 \times 353$$
$$4\ 238 = 2 \times 13 \times 163 \qquad 4\ 593 = 3 \times 1\ 531$$
$$4\ 948 = 2^2 \times 1\ 237 \qquad 6\ 013 = 7 \times 859$$
$$2\ 140 = 2^2 \times 5 \times 107 \qquad 2\ 253 = 3 \times 751$$
$$8\ 143 = 17 \times 479 \qquad 2\ 705 = 5 \times 541$$
$$2\ 818 = 2 \times 1\ 409 \qquad 2\ 931 = 3 \times 977$$
$$3\ 044 = 2^2 \times 761$$

这些数都会有大于 100 的素因子,1 123,5 303,1 801,2 027,7 433,113 都是大于 100 的素数,而

$$7\ 788 = 2^2 \times 3 \times 11 \times 59, 9\ 918 = 2 \times 3^2 \times 19 \times 21$$

虽无 100 以上的素因子,但也都不能分解成两个小于 100 的因数的乘积,故式(12)中大于 $\frac{2\ 108}{671}$ 的各个分数都不能表示成式(1)的形状.

又考虑分子相加的情况,可见仅在 $\frac{2\ 108}{671}$ 与 $\frac{4\ 948}{1\ 575}$ 间还能插入新的分数. 插入的结果为

$$\frac{2\ 108}{671} < \frac{8\ 787}{2\ 797} < \frac{6\ 679}{2\ 126} < \frac{4\ 571}{1\ 455} < \frac{7\ 034}{2\ 239} < \frac{9\ 497}{3\ 023}$$
$$< \frac{2\ 463}{784} < \frac{7\ 744}{2\ 465} < \frac{5\ 281}{1\ 681} < \frac{8\ 099}{2\ 578} < \frac{2\ 818}{897}$$

Farey 级数

$$< \frac{8\,809}{2\,084} < \frac{5\,991}{1\,907} < \frac{9\,164}{2\,917} < \frac{3\,173}{1\,010} < \frac{9\,874}{3\,143}$$

$$< \frac{6\,701}{2\,133} < \frac{3\,528}{1\,123} < \frac{7\,411}{2\,359} < \frac{3\,883}{1\,236} < \frac{8\,121}{2\,585}$$

$$< \frac{4\,238}{1\,349} < \frac{8\,831}{2\,811} < \frac{4\,593}{1\,462} < \frac{9\,541}{3\,037} < \frac{4\,948}{1\,575}(<\pi)$$

在插入的新分数中,除

$$\frac{7\,744}{2\,465} = \frac{2^6 \times 11^2}{5 \times 17 \times 29} = \frac{88 \times 88}{85 \times 29}(<\pi)$$

满足要求外,其余均不满足,但是

$$\left|\frac{7\,744}{2\,465} - \pi\right| > \left|\frac{355}{113} - \pi\right|$$

所以还需考虑大于 $\frac{355}{113}$ 的那些分数.

在 $\frac{355}{113}$ 与 $\frac{22}{7}$ 之间先插入一批分数如下

$$(\pi<)\frac{355}{113} < \frac{9\,962}{3\,171} < \frac{9\,607}{3\,058} < \frac{9\,242}{2\,945} < \frac{8\,897}{2\,832} < \frac{8\,542}{2\,719}$$

$$< \frac{8\,187}{2\,606} < \frac{7\,832}{2\,493} < \frac{7\,477}{2\,380} < \frac{7\,122}{2\,267} < \frac{6\,767}{2\,154}$$

$$< \frac{6\,412}{2\,041} < \frac{6\,057}{1\,928} < \frac{5\,702}{1\,815} < \frac{5\,347}{1\,702} < \frac{4\,992}{1\,589}$$

$$< \frac{4\,637}{1\,476} < \frac{4\,282}{1\,363} < \frac{3\,927}{1\,250} < \cdots < \frac{22}{7}$$

其中除

$$\frac{3\,927}{1\,250} = \frac{3 \times 7 \times 11 \times 17}{2 \times 5^4} = \frac{51 \times 77}{50 \times 25} = 3.141\,6$$

外,其余都不能表示成式(1)的形状. 因为

$$\pi < \frac{355}{113} < \frac{3\,927}{1\,250}$$

附录Ⅱ 挂轮计算问题的精确解——一类特殊的丢番图逼近问题

所以无须再考虑大于 $\dfrac{3\,927}{1\,250}$ 的分数,而小于 $\dfrac{3\,927}{1\,250}$ 的,仅在 $\dfrac{4\,992}{1\,589}$ 与 $\dfrac{3\,927}{1\,250}$ 之间还能插入几个分数如

$$\dfrac{4\,992}{1\,589}<\dfrac{9\,629}{3\,065}<\dfrac{4\,637}{1\,476}<\dfrac{8\,919}{2\,839}<\dfrac{4\,282}{1\,363}<\dfrac{8\,209}{2\,613}<\dfrac{3\,927}{1\,250}$$

但这几个新插入的分数也都不能表示成式(1)的形状. 又因为

$$\left|\dfrac{3\,927}{1\,250}-\pi\right|<\left|\dfrac{7\,744}{2\,465}-\pi\right|$$

所以

$$\dfrac{3\,927}{1\,250}=\dfrac{51\times 77}{50\times 25}=3.141\,6$$

满足要求,也即 51,77,50,25 是精确解.

对于上面的算法,目前我们已经根据在电子计算机 DJS-21 上适用的 ALGOL 60 语言,将它编成程序. 用此程序,前文中例 1 的实际计算时间不到 20 秒,而例 2 的计算时间虽然多一些,但也不过在一分半钟左右.

编辑手记

在工作室成立的第 1 年只出版了一本书,笔者充满激情地写下了第 1 篇"编辑手记",接着第 2 年共出版了 6 本数学书,笔者又"壮心不已"地写了 6 篇"编辑手记",但后来发生的变化令笔者始料不及,图书出版的种数从几十本很快就迈进了百本大关,继 2013 年完成了 100 本新书之后,2014 年的指标被定为 120 本.要每本都写"编辑手记",那将成为一位职业专栏作家.笔者曾经看到一期《南方周末》报,有一篇是专访张艺谋的,节选其中一段.

南方周末:大家都在提中国电影的数字,"220 亿""每天增加 13.8 块银幕"……我们在数字上好像能和美国形成"G2",但

编辑手记

内容还是没法对等？

张艺谋：我们张口就说数字的情况，我估计还会持续五到十年.

差距在哪里？首先是在质量上，但这只是中国一家的差距吗？全世界与美国都有差距. 就像 NBA 一样，全世界组织个联队也打不过它，历史条件搁在这. 类型片的质量，艺术片的质量，方方面面的质量差距，但抓质量又是那么长远的事. 电影是文化，是所谓的民族、历史、传承、情感、修养、品位、情怀……所有东西集合起来，对吧？如果中国电影要与美国比质量，还有漫长的路要走.

从张导的《归来》可以看出中国第一导已是强弩之末，所以单追求数量的中国模式不可持续，在犯难怎样介绍本书之际正好读了一篇《美国数学月刊》上的文章，其构思极像法雷级数，所以从借鉴高质量原创作品的角度讲，将其部分精华节选下来用于本书后再合适不过了.

2011 年，德国不来梅（Bremen）夏季学校 Don Zagier 数论报告描述了一个经典数论论题的新的面貌，第 1 部分是"有理数的计数"，报告人在其中简要描述了一个漂亮的构造（报告人在之前曾有一次讲述过它，但他甚至连它的出处或原创者都不知道）. 这个构造使我们可以从 0 出发，在每一步都按照简单而系统的法则

$$x \mapsto \frac{1}{2\lfloor x \rfloor + 1 - x}$$

Farey 级数

($\lfloor x \rfloor$为x的整数部分)得到下一个数,从而系统地遍历全部正有理数. 这激起了 Aimeric Malter(他 13 岁就成为夏季学校最年轻的参加者)的兴趣,将它扩充为一篇小品,给出了证明细节和这个神奇构造的其他各种性质. 这个小品参加了德国"青年创造者"的评比,获得大学低年级组一等奖.

我们的目的是为下列古老的定理注入新的活力:

定理 1 有理数集合是可数的.

换言之,存在一个从自然数集合到有理数集合的一一映射. 这个最初由康托(Cantor)于 1873 年证明的结果自然是非常著名的. 标准的证明包含下列步骤:首先,用上半平面中的点(p,q)表示有理数$\frac{p}{q}$(其中$p \in \mathbf{Z}, q \in \mathbf{N}$),然后找出一条经过上半平面中所有坐标为整数的点的曲折的路径,并且忽略所有p,q不互素的点,从而按路径经过的顺序列出所有余下的整点.

这自然产生一个一一映射,但它不是那么十分明显. 怎么最容易地明显刻画这种通过上半平面的路径? 遇到应当忽略的(分子、分母)不互素的分数时,我们通常是怎么做的? 紧排在一个给定的(有理)数之前和之后的哪个有理数? 最后,在这个一一映射下,第 25 个有理数是什么数,或者,分数$\frac{5}{17}$对应于哪个自然数?

我们现在来描画一个与之不同的自然数与有理数之间的一一映射,它看来相当"棒". 虽然它有古老的来源,但相对而言它是近期才被发现的,同时它也是已

编辑手记

知的结果,而且被收录在最著名的康托论文中.然而,看来它并非理所当然地在数学家中是众所周知的,当在不来梅夏季学校的报告中提出这个一一映射时,只有少数人知道它,并且引起了人们特别的兴趣.

我们得到的主要结果的一个变形可以叙述如下.它是 Moshe Newman 基于 Neil Calkin 和 Herbert Wilf 的论文解决 Donald Knuth 提出的一个问题时才被发现的.

定理 2 映射

$$S(x) = \frac{1}{2\lfloor x \rfloor - x + 1} \qquad (1)$$

具有这样的性质:在序列 $S(0), S(S(0)), S(S(S(0))), \cdots$ 中,每个正有理数出现且仅出现一次.

于是,如果我们将 S 的第 n 次迭代记作 $S^n(x)$,那么我们通过 $F(n) = S^n(0)$ 得到一个明显的一一映射 $F: \mathbf{N} \to \mathbf{Q}_+$(我们约定 $\mathbf{N} = \{1, 2, 3, \cdots\}$). 我们将试着说明这个一一映射可以用相当自然的方式找到,并且证明它的许多漂亮性质的一部分.

注 遍历所有(正)有理数的序列隐含在 Stern(1858 年)的一个工作中,但这出现在康托的工作之前,所以当时还没有人具备有理数集合的可数性概念.

1. 欧几里得(Euclid)树

我们的第一步是将互素数对 $(p, q) \in \mathbf{N} \times \mathbf{N}$ 排列成一个简单二元树的形式,从而这个树给出所有数 $\frac{p}{q} \in \mathbf{Q}_+$,并且每个数恰好出现一次

Farey 级数

给定数对 $(p,q) \in \mathbf{N} \times \mathbf{N}$,确定它们是否互素的方法是应用欧几里得算法:

(1) 如果 $p = q$,那么当 $p = q = 1$ 时,两数互素,当 $p = q > 1$ 时不互素;

(2) 如果 $p \neq q$,那么当 $p < q$ 时,用 $(p, q-p)$ 代替 (p,q);当 $p > q$ 时,用 $(p-q, q)$ 代替 (p,q),并且重复这个过程.

换言之,我们保持从较大的数减去较小的数,直到两者相等,并且一旦出现这种情形,那么所得到的数就是原分子和分母的最大公因子.

转回主题,在欧几里得算法下,每一数对 (p,q) 恰好有两个前导 $(p, p+q)$ 和 $(p+q, q)$,并且如果我们从数对 $(1,1)$ 出发,并且在每个点的下方写出两个前导,其中较小的一个放在左边,那么我们得到一个无穷树,它恰好含有这些 p,q 互素的点 (p,q),并且每个这样的数对都恰好出现一次(因为在欧几里得算法下,这个树编制唯一的由 (p,q) 到 $(1,1)$ 的路径).

因为我们知道所有的点 (p,q) 都有互素的 p 和 q,所以我们可以将它们表示为 $x = \dfrac{p}{q}$. 这意味着这个树是这样生成的:从"根" $x = 1$ 开始,然后依照法则

$$x = \frac{p}{q}$$

$$A_0 \swarrow \qquad \searrow A_1$$

$$\frac{x}{x+1} = \frac{p}{p+q} \qquad x+1 = \frac{p+q}{q} \qquad (2)$$

递推地到达每个顶点. 这样生成的树我们称之为欧几

里得树,并且它含有所有的正有理数且恰好含一次,它的最初几行见图1(这个树本质上可追溯到 Stern 在1858年的工作,它有时也称作 Calkin – Wilf 树).

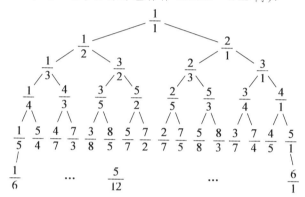

图 1

我们观察到:对于任何数 $x=\dfrac{p}{q}$,经过 n 次生成后的最右边(最大)的继生数是 $\dfrac{p+nq}{q}=x+n$,并且完全对称,最左边(最小)的继生数是 $\dfrac{p}{np+q}=\dfrac{x}{nx+1}$.

2. 遍历所有正有理数的序列

为求出一个序列,它遍历所有有理数且恰好只一次,我们可以简单地沿着欧几里得树的"初始宽度"也就是逐行行进,这样我们得到序列如表1所示.

表 1

n	1	2	3	4	5	6	7	8	9	10	11	…
$F(n)$	1	$\dfrac{1}{2}$	2	$\dfrac{1}{3}$	$\dfrac{3}{2}$	$\dfrac{2}{3}$	3	$\dfrac{1}{4}$	$\dfrac{4}{3}$	$\dfrac{3}{5}$	$\dfrac{5}{2}$	…

Farey 级数

这就解决了对原方法提出的第 1 个问题:我们有一个自然的方式遍历正有理数,并且我们不用担心重复或丢掉不在最低层的数.

转向我们的第 2 个目标——明显地给出这个序列,这恰是容易做到的:存在一个简单的方法,从序列中的任何一个有理数得到下一个数.

为此,考虑欧几里得树的任何一个顶点 x,以及它的两个继生顶点 $\dfrac{x}{x+1}$ 和 $x+1$,于是若令 $y = \dfrac{x}{x+1}$ 作为左继生数,则右继生数就是 $x+1 = \dfrac{1}{1-y}$. 这就给出了一个简单的公式,只要初始数是"左继生数",就可从我们的序列中的一个有理数得到下一个数. 注意在此情形下,有 $0 \leqslant y < 1$,因而 $\lfloor y \rfloor = 0$,所以 y 的后继 $\dfrac{1}{1-y}$ 的确由公式(1)给出.

假设现在我们正位于某个右继生数 y,并且想要找到它在序列中的后继(即树中在它右边的有理数). 这取决于在多少次生成之前这两个分数有一个公共生成者. 令 k 是这种生成的次数(例如,对于分数 $\dfrac{7}{3}$ 和它的后继 $\dfrac{3}{8}$,有 $k=3$). 令 $x = \dfrac{p}{q}$ 是 k 次生成前公共生成者. 数 y 是由 $\dfrac{p}{q}$ 借助取"左继生数" $\dfrac{p}{p+q}$,接着 $k-1$ 步取"右继生数"而生成,所以

$$y = \frac{p+(k-1)(p+q)}{p+q} = k-1 + \frac{p}{p+q} \qquad (3)$$

类似地，y 的后继是由 $\dfrac{p}{q}$ 通过 1 步取右继生数，接着 $k-1$ 步取左继生数而生成．这就是数

$$z = \dfrac{p+q}{q+(k-1)(p+q)} = \dfrac{1}{\dfrac{q}{p+q}+(k-1)} \quad (4)$$

但是，我们怎样才能从 y 得到 z？注意 $k-1 = \lfloor y \rfloor$，以及

$$\dfrac{p}{p+q} = y - \lfloor y \rfloor$$

所以我们简单地得到

$$z = \dfrac{1}{1-(y-\lfloor y \rfloor)+\lfloor y \rfloor} = \dfrac{1}{2\lfloor y \rfloor - y + 1} = S(y) \quad (5)$$

（注意：我们第一次考虑的情形，即当 $y = \dfrac{x}{x+1}$ 和 $z = x+1$ 是同一个生成者的左继生数和右继生数的情形，恰好就是上述推理中 $k=1$ 的特殊情形）．

上面所有的讨论都是在树的同一行的范围中进行的，我们还要考虑 y 是一行中最大数的情形，于是 $y = n$ 是整数．n 的后继应是 $\dfrac{1}{n+1}$，幸运的是，我们的公式恰好产生这个数．

无论你是否惊奇，这就完成了定理 2 的证明．

3. 求一个给定分数的位置

有一个算法使我们可以指出一个给定的正有理数在我们的序列中处于哪个位置，并且反过来也行．我们已经通过 $F(n) = S^n(0)$ 定义了一一映射 $F: \mathbf{N} \to \mathbf{Q}_+$，这里 S 是由公式(1)定义的"后继函数"．用 $N: \mathbf{Q}_+ \to \mathbf{N}$

Farey 级数

表示 F 的逆,它给出任何正有理数在序列中的位置.因为在欧几里得树中任何一个顶点都有两个继生顶点,它们在序列中的位置如图 2 所示.

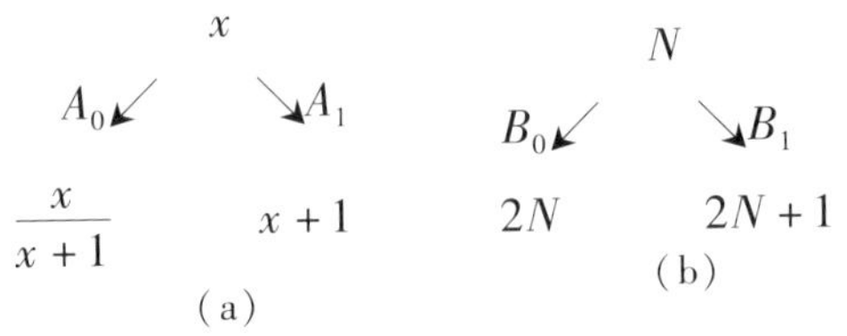

$$\begin{array}{cccc} x & & N & \\ A_0 \swarrow & \searrow A_1 & B_0 \swarrow & \searrow B_1 \\ \dfrac{x}{x+1} & x+1 & 2N & 2N+1 \\ (\text{a}) & & (\text{b}) & \end{array}$$

图 2

在图 2(b)中,我们指出了图 2(a)中的数在序列中的位置.如果树的某个顶点有有理数 x,且 x 在序列中的位置是 N,那么这个顶点的左继生顶点有值 $A_0(x) = \dfrac{x}{x+1} < 1$,位置为 $B_0(N) = 2N$,而其右继生顶点有值 $A_1(x) = x+1 > 1$,位置为 $B_1(N) = 2N+1$.

这导致递推公式

$$N(x) = \begin{cases} 1, & \text{若 } x = 1 \\ 2N \cdot \dfrac{x}{1-x}, & \text{若 } x < 1 \\ 2N(x-1)+1, & \text{若 } x > 1 \end{cases}$$

注意,当这个定义被递推地应用时,对 N 的逐次推理就实施了数对 $(x,1)$(或 (p,q),当 $x = \dfrac{p}{q}$ 时)的欧几里得算法.若给定 $x \in \mathbf{Q}_+$,则欧几里得算法使我们可将它表示为 $x = A_{i_r} \cdots A_{i_1}(1)$,此处 r 是需要实施的步数,或者等价地说,x 位于树的第 $r+1$ 行(计数时使 $\dfrac{1}{1}$ 在

138

第 1 行). 于是位置 $N(x)$ 满足

$$N(x) = N(A_{i_r}\cdots A_{i_1}(1)) = B_{i_r}\cdots B_{i_1}(1)$$
$$= 2^r + 2^{r-1}i_1 + 2^{r-2}i_2 + \cdots + i_r$$
$$= (1, i_1, i_2, \cdots, i_r)_2 \qquad (6)$$

于是我们立即得到 N 的二进表示.

我们用一个简单的例子对此加以说明,设 $\dfrac{p}{q} = \dfrac{5}{12}$. 实施欧几里得算法,我们得到

$$(5,12) \mapsto (5,7) \mapsto (5,2)$$
$$\mapsto (3,2) \mapsto (1,2) \mapsto (1,1)$$

因为以 $(1,1)$ 结束,所以验证了 5 和 12 的确互素. 我们现知道 $\dfrac{5}{12}$ 在树的第 $r=6$ 行,因而在位置 $2^{r-1} = 32$ 和 $2^r - 1 = 63$ 之间. 在二进表示下,是在位置 100000_2 和 111111_2 之间. 在欧几里得算法的 5 个步骤的每一步中,我们要从分子减去分母或从分母减去分子. 这意味着在树中我们要选择左边或右边的分支,并且当选取了所在顶点下方的树的左或右分支,就确定了 N 的一个二进数字(记住:欧几里得算法在树中是由 x 上溯到 1,所以 N 的二进数字是反序生成的). 在我们的例子中,从顶部向下方到达 $\dfrac{5}{12}$ 所取分支的顺序是左右右左左,所以 $N\left(\dfrac{5}{12}\right) = 101100_2 = 44$,读者观察上文中给出的欧几里得树的开始部分,就可对此加以验证.

可同样直接地解反问题:为求 $F(44)$,我们写出

Farey 级数

$44 = 101100_2$,于是

$$F(44) = A_0(A_0(A_1(A_1(A_0(1))))) = \frac{5}{12}$$

这个方法是非常有效的,并且甚至在不少并非显然的情形也是便于操作的,特别是当我们要尽可能快地加速由较大数减较小数的欧几里得算法时.例如,对于分数 $\frac{332}{147}$,这个加速算法看来像是

$$(332,147) \xmapsto{A_1^{-2}} (38,147) \xmapsto{A_0^{-3}} (38,33) \xmapsto{A_1^{-1}} (5,33)$$
$$\xmapsto{A_0^{-6}} (5,3) \xmapsto{A_1^{-1}} (2,3) \xmapsto{A_0^{-1}} (2,1)$$
$$\xmapsto{A_1^{-1}} (1,1)$$

(注:这与 $\frac{332}{147}$ 的连分数展开

$$2 + 1/(3 + 1/(1 + 1/(6 + 1/(1 + 1/(1 + 1)))))$$

没有什么不同),因此

$$N\left(\frac{332}{147}\right) = B_1^2 B_0^3 B_1 B_0^6 B_1 B_0 B_1(1)$$
$$= 1101000000100011_2$$
$$= 53\ 283$$

注意,虽然公式(1)的形式有点难以理解,但我们的有理数列确实由欧几里得算法完全确定,并且 $\frac{p}{q}$ 的位置由这个算法的步数的二进编码表示,所以它事实上是一个非常自然的序列.奇怪的是,它仅仅是最近才被发现的.这说明在今日,并且甚至在初等水平,数学依旧是能提供发现有趣理论的平台.

4. 我们的树和序列的其他性质

欧几里得树和我们的迭代序列有许多其他有趣的性质. 我们已经注意到, 依据构造, 树的第 r 行本质上由在欧几里得算法中取 $r-1$ 步以到达点 $(1,1)$ 所涉及的那些数组成. 类似地发现, 如果我们将任何一个分数 $\dfrac{p}{q}$ (它总是在最低行) 写成连分数

$$\frac{p}{q} = a_0 + \cfrac{1}{a_1 + \cfrac{1}{a_2 + \cfrac{\cdots}{ + \cfrac{1}{a_k}}}}$$

那么 $a_0 + a_1 + \cdots + a_k$ 等于行数, 所以在同一行中所有分数其连分数的各元素之和是相同的.

于是, 我们弄清楚了哪个有理数在哪一行; 但同一行内这些数的大小次序是怎样的? 下面的定理回答了这个问题.

定理 3 欧几里得树的第 r 行中的 2^{r-1} 个数的大小次序如下: 将这 2^{r-1} 个数 (自左向右依次) 记为 x_0, $x_1, \cdots, x_{2^{r-1}-1}$, 并且对于 $k \in \{0, \cdots, 2^{r-1}-1\}$, 用 $\varphi(k)$ 表示将这些数按递增的次序重排时 x_k 的位置. 那么 $\varphi(k)$ 的二进表示就是将 k (作为 $r-1$ 位二进数) 的二进数字逆序排列而得.

例如, 数 $\dfrac{3}{8}$ 位于第 5 行, 并且 (在该行中) 位置 (序号) 为 $4 = 0100_2$ (序号从 0 开始), 所以按大小 (递增) 有位置 (序号) $0010_2 = 2$ (序号仍然从 0 开始); 事实

Farey 级数

上,此行的数是 $\frac{1}{5}, \frac{2}{7}, \frac{3}{8}, \frac{3}{7}, \cdots$.

为看出上述论断正确,我们观察到树中 $\frac{p}{q}$ 的左继生数是 $\frac{p}{p+q} < 1$, 而右继生数是 $\frac{p+q}{q} > 1$. 于是我们的序列中所有偶下标成员小于所有奇下标成员,从而在任一行中位置的二进表示的最小有效数字就是按大小排列时的位置的二进表示的最大有效数字. 类似地,序列的奇下标成员(它们的位置的二进表示的末尾数字是 1)中,当且仅当其位置的二进表示的末尾两位数字是 11(于是我们有一个右继生数的右继生数)时,该成员大于 2, 并且若此末尾两位数字是 01(于是我们有一个左继生数的右继生数)时,则它小于 2. 类似的推理对所有二进数字的序列都成立,因而证明了观察结果.

欧几里得树是对称地构造的:将它水平反射(即左右互换),数 $\frac{p}{q}$ 就与 $\frac{q}{p}$ 交换位置. 这给出一个求序列中任何有理数 $x = \frac{p}{q}$ 的前导 $P(x)$ 的简单方法:水平反射,求出后继,然后反射回去. 换言之, x 的前导是 $P(x) = \frac{1}{S(\frac{1}{x})}$. 如果断行则此方法存在例外:第 n 行的第 1 个数是 $\frac{1}{n}$, 它的前导直接等于 $n-1$. 这是容易验证的.

不难给出 S 的逆 P 的明显公式. 如果 $y = S(x) =$

$\dfrac{1}{2\lfloor x \rfloor - x + 1}$,那么 $\dfrac{1}{y} - 1 = 2\lfloor x \rfloor - x$,并且由此容易验证 $x = -\dfrac{1}{y} - 1 + 2\lceil \dfrac{1}{y} \rceil$ [1](这与我们以前的公式 $P(y) = -\dfrac{1}{S(\dfrac{1}{y})}$ 是一致的,如果我们注意到当 $\dfrac{1}{y}$ 是整数时例外情形出现,因而 $\lceil \dfrac{1}{y} \rceil = \lfloor \dfrac{1}{y} \rfloor$). 我们还可以将 P 的公式写成

$$P(y) = -\dfrac{1}{y} - 1 - 2\lfloor -\dfrac{1}{y} \rfloor \qquad (7)$$

这个反向迭代可用于分数 $\dfrac{1}{1}$(我们最初的出发点)以外的数. 我们得到

$$\cdots \xmapsto{P} 2 \xmapsto{P} \dfrac{1}{2} \xmapsto{P} 1 \xmapsto{P} 0 \xmapsto{P} \infty$$

$$\xmapsto{P} -1 \xmapsto{P} -2 \xmapsto{P} -\dfrac{1}{2} \xmapsto{P} \cdots$$

反向迭代自然地经过 0,然后是 ∞,其后遍历所有负整数,顺序与遍历所有正整数时类似:如果 $x \notin \mathbf{Z}$,那么容易验证 $S(-x) = -S(x)$,于是我们的"正"树的每一行变成"负"树的某一行,使得遍历的顺序相同. 但是,如果 $S(n) = \dfrac{1}{n}$,其中整数 $n > 0$,那么我们有 $S(-n) = -\dfrac{1}{n-1}$,于是当 S 经过"负"欧几里得树的一行后,它

---

[1] $\lceil y \rceil$ 表示不小于 y 的最小整数.

Farey 级数

将跳至前一行,直到最终进入 $-\frac{1}{2} \stackrel{s}{\longmapsto} -2 \stackrel{s}{\longmapsto} -1 \stackrel{s}{\longmapsto} \infty \stackrel{s}{\longmapsto} 0 \stackrel{s}{\longmapsto} 1 \longmapsto \cdots$,然后经过"正"树(如前所述).综合起来,这就提供了一个 $\mathbf{Q}$ 与 $\mathbf{Z}\backslash\{0\}$ 之间(或 $\mathbf{Q}\cup\{\infty\}$ 与 $\mathbf{Z}$ 之间)的简单而自然的一一映射.应用多一点的专业术语,我们可以说,映射 S 和 $P=S^{-1}$ 定义了群 $\mathbf{Z}$ 在集合 $\mathbf{P}^1(\mathbf{Q})=\mathbf{Q}\cup\{\infty\}$ 上的作用,并且这个作用是单可迁的,即是自由的并且仅有一个轨道.

在树和数列的许多有趣的性质中,我们再引述一个如下:

定理 4　任何两个相邻的分数 $\frac{p_k}{q_k}$ 和 $\frac{p_{k+1}}{q_{k+1}}$ 有性质 $p_{k+1}=q_k$.

证明　这可由方程(3)和(4)立即推出(注意 p 和 q 互素的归纳假设蕴含这两个分数已经位于最低项).

因此,我们的分数数列已经可由分母序列 $\{q_k\}$ 确定.这个分母序列实际上长期以来被称作 Stern 双原子序列,并且有许多好的性质.我们的分母被定义为满足简单递推关系 $q_{2k}=q_k+q_{k-1}$(左继生数)和 $q_{2k+1}=q_k$(右继生数),并且具有初始条件 $q_1=1$ 和 $q_0=1$,这就完全定义了序列 q_k.

数 q_k 可以解释为 k 表示为 2 的幂和,并且限定 2 的每个幂至多使用两次不同表示的个数(如果我们只允许 2 的每个幂使用一次,那么就得到 k 的二进表达式,并且是唯一的).例如,$5=4+1=2+2+1$ 有两种表示,但 $6=4+2=4+1+1=2+2+1+1$ 有三种表

示,而 $7=4+2+1$ 有唯一的一种表示. 于是 $q_5=2$, $q_6=3$, 以及 $q_7=1$. 我们也容易看到: 奇数 $2k+1$ 的任何一个这种表示必定包含一个单项 1, 并且所有其他的加项必须是偶数, 因此 $q_{2k+1}=q_k$. 偶数 $2k$ 的任何表示或者没有单项 1, 或者有两个单项 1. 去掉其余各加项中最后一个二进数字 0, 就分别得到 k 或 $k-1$ 的一个表示. 这证明确实 $q_{2k}=q_k+q_{k-1}$ (如我们所要的).

我们的分母序列 $1,2,1,3,2,3,1,4,\cdots$ 表示了欧几里得树, 因而完全表示了我们的分数序列. 特别地, 作为推论, 每对互素正整数 (p,q) 必然恰好在这个序列中出现一次.

在这方面有更多的有趣的性质可以被发现, 我们期待读者去加以发掘.

有个段子很可乐, 同时也诠释了上述编辑手记: "这年头, 算命的改叫分析师了, 八卦小报改叫自媒体了, 耳机改叫可穿戴设备了, 办公室出租改叫孵化器了, 统计改叫大数据了, 忽悠改叫互联网思维了, 骗钱改叫众筹了, 放高利贷改叫 P2P 了, 看场子收保护费的改叫平台战略了, 借钱给靠谱朋友改叫天使投资了, 借钱给不靠谱的朋友改叫风险投资了."

借用一下句式, 这年头转载的都叫原创了!

刘培杰

2017 年 5 月 26 日

于哈工大